식물 킬러,
식집사 되기

KB212558

아티오
ArtStudio

너무 예쁜 이 식물, 식물 킬러가 사도 될까?

대학생 때 자취생활을 시작하면서, 삭막하기만 한 원룸을 어떻게 든 살려보고자 작은 선인장을 샀는데, 이것이 저의 첫 식물이었습니다. 선인장은 잘 안 죽는다더니… 정신을 차려 보니 어느새 선인장은 초록별로 떠난 뒤였습니다.

그 뒤로도 여러 번 집을 옮길 때마다 계속 시도해 보았지만, 번번이 떠나가 버렸죠. '아, 나 같은 식물 킬러는 키우면 안 되는구나….'

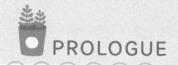

체념해도 그때뿐, 길을 걸어가다가 가끔 눈에 띄는 예쁜 화분들을 보면 홀린 듯이 집어 들고 말았습니다. 지금 생각해 보면 누군지도 모르는 사람을 단순히 예쁘다고 덜컥 집에 데려가는 꼴이었습니다.

　수많은 시행착오를 10년 넘게 하고 나니 이제는 식물을 보면 '아, 이 아이는 이런 성격을 가진 아이겠구나, 어떻게 키워야겠구나.' 감이 오더라고요. 지금은 50여 개의 화분들이 집 베란다를 가득 채운 상태인데, 식물을 키우면서 물을 주고, 시든 잎을 떼고, 순 따기 하는 그 시간 자체가 저만의 힐링입니다.

　코로나 이후로 더 많은 사람들이 식물을 키우는 것 같은데요. 식집사로서는 동지가 생긴다는 의미이니 참 반갑습니다. 이제 막 식집사의 길에 들어선, 이 책을 읽는 여러분이 저와 같은 실수를 반복하지 않았으면 하는 마음으로 이 책을 썼습니다. 식물이 주는 행복을 함께 느끼셨으면 해요.

권윤경

CONTENTS

나는 왜 식물 킬러일까?
식물이 죽는 이유

"내가 키우는 식물은 왜 다 죽어나가지?.... 난 식물 킬러인가봐."

저에게 이런 푸념을 하는 지인들이 꽤 있습니다. 초보 식집사라면 예쁜 식물에 반해 무심코 집에 들였다가 바로 죽이는 경험을 한 번씩 거치기 마련입니다. 결과는 '죽는다'라는 한 가지이지만, 그 원인은 단 하나로 설명하기 어렵습니다. 식물의 종류가 다르고 식물이 놓인 환경도 다르고, 식집사도 다르므로 경우의 수가 아주 많거든요. 그렇지만 가장 높은 확률의 원인 세가지를 알려드리겠습니다.

물(Water)

물은 지구상에 존재하는 생명체 대부분에게 필수적인 존재입니다. 하지만, 필요로 하는 물의 양과 방식은 제각기 다르죠. 예를 들어, 낙타와 토끼에게 물을 준다고 생각해 볼까요?

> 첫 번째, 매일 200mL씩 준다?
> 두 번째, 한 달에 한 번씩 100L씩 준다?

어떤 방식이라도 둘 중 하나는 언젠가 죽고 말 거예요.

물이 부족한 사막에서 사는 낙타는 물을 마시지 않고도 몇 주간 살 수 있습니다. 땀을 거의 흘리지 않아 수분 손실을 최소화하고, 신장에서 물을 여러 번 재흡수하여 체내 물을 효율적으로 사용하기 때문입니다. 심지어 낙타는 혹에 있는 지방을 연소할 때 발생하는 물도 활용합니다. 그러다 물을 발견하면 100L의 물도 한 번에 마실 수 있습니다. 이를 통해 몸속 수분을 빠르게 채우고, 또 몇 주간 물을 마시지 않아도 견딜 수 있죠.

토끼는 물을 먹으면 죽는다는 속설도 있는데, 절대 아닙니다. 오히려 수분 섭취량이 많은 동물 중에 하나입니다. 토끼가 하루에 마시는 물의 양은 체중의 약 10% 정도라고 합니다. 사람의 하루 권장 물 섭취량이 성인기준(70Kg) 2.8L 정도인데, 대략 체중의 4% 정도인 것을 생각해 보면, 토끼는 몸의 크기에 비해 물을 많이 마시는 것을 알 수 있습니다. 소변에 칼슘의 함량이 높은 편인 토끼의 특성상, 매일 물을 충분히 먹지 못하면 결석의 위험이 다른 동물보다 높습니다. 탈수의 위험도 있죠.

물을 자주 먹지 않아도 되지만 한 번에 섭취하는 양이 많은 낙타와, 많이 먹는 것은 아니지만 자주 먹어야 하는 토끼. 이들에게 같은 양, 같은 주기로 물을 주면 안 됩니다.

동물도 특성에 따라 필요한 물의 양이 다르듯이, 식물마다 다른 특성이 있고, 당연히 필요로 하는 물의 양과 주기는 다를 수밖에 없습니다. 처한 환경에 따라서도 달라집니다. 우리가 매우 건조한 방에 있거나, 더운 여름에 땀을 뻘뻘 흘린 경우, 당연히 평소보다 물을 많이 마시는 것과 같습니다.

이런 특성을 이해하지 못한 식초보가 "꽃집 사장님이 일주일에 한 번 주라고 했어" 하면서 무작정 시키는 대로 하다가 물이 부족해서, 혹은 물을 많이 줘서 죽이는 경우가 꽤 많습니다.

사장님이 얘기하는 '일주일에 한 번'과 같은 조언은 참고만 하고, 절대 맹신해서는 안 됩니다. 물 주기를 꼭 묻고 싶다면, "물을 좋아하는 식물인가요?"라고 묻는 편이 더 현명합니다.

잎이 말랐다고 무조건 물을 주는 것도 식초보가 흔히 하는 실수입니다. 잎이 말라 보이는 것이 꼭 물이 모자라서만은 아니거든요. 다른 이유일 수도 있습니다.

처음 화분을 사면 왠지 계속 물을 주고 싶어집니다. 꾹 참고 화분 겉흙이 완전히 마를 때까지 기다려야 합니다. 아기가 먹는 모습이 예쁘다고 계속 먹을 것을 주면 배탈이 나는 것처럼, 덜 말랐는데 물을 계속 주면, 뿌리가 계속 물에 닿아 썩어버립니다. 뿌리가 없어지니 잎은 물을 공급받지 못해 말라버리죠. 이 현상을 '과습'이라고 합니다. 말라버린 잎을 보고 물이 모자라나? 하고 물을 더 주면… 내 반려 식물에게 초록별 특급열차 표를 끊어주는 것과 마찬가지입니다. 남은 뿌리마저 썩히는 일이니까요.

그렇다면 물은 언제, 어떻게 줘야 할까요?

자세한 물 주기 법은 3-3 관리법_물주기[관수]에서 알아보겠습니다.

빛(Light)

식물은 광합성을 합니다. 광합성은 문자 그대로 광(光;빛)을 이용하여 양분을 합성한다는 의미인데, 빛이 없다면 식물은 영양분을 얻지 못하고 죽게 됩니다.

식물의 종류에 따라 땡볕 수준의 빛이 있어야 하는 식물이 있는가 하면, 직사광선을 그대로 쬐면 잎이 다 타버리는 식물도 있습니다. 그래서 식물을 집에 들일 때는 그 식물이 빛을 얼마나 좋아하는지 먼저 알아보고, 화분을 놓는 위치를 잘 골라야 합니다. 만약 물을 제대로 주고 있는데도 잎이 초록빛을 잃고 시름시름 한다면, 화분이 놓인 곳에 빛이 얼마나 들어오는지 확인해봐야 합니다.

빛이 모자란다는 신호는, 바로 '웃자람'입니다. 새로 나는 줄기가 가늘어지고 잎이 나는 간격인 마디가 이전보다 길어진다면, 빛이 모자라 웃자라고 있는 것이니 빛이 더 많이 드는 곳으로 옮겨야 합니다. 제때 옮겨주지 않으면 힘없이 축축 처지면서 약해지다가, 병해충을 잘 이겨내지 못하고 초록별로 떠나게 됩니다.

만약 잎에 무늬나 색이 있는 식물일 경우 빛이 모자랄 때 무늬(색)가 사라집니다.

아파트에서 화초를 키운다면, 창문의 방향을 한번 확인해 봅니다. 동향이라면 아침 일찍 해가 들어서 오후에는 해가 들지 않고, 남향이면 오전부터 해 질 녘까지, 서향이면 해가 지기 전 잠깐, 북향이라면 직접 햇볕이 들기 어렵습니다. 만약 집 창이 서향이거나 북향이라면, 해를 좋아하는 식물은 잘 자라지 못합니다.

식물을 키우고 싶은데, 해가 잘 들지 않는 집에 살면 키울 수 없을까요? 실망하지 마세요. 약간의 돈을 들이면 됩니다. 바로 '식물등(燈)'입니다.

집에서 쓰는 형광등은 안 될까요? 형광등도 광원이기 때문에 어느 정도 광합성에 도움은 됩니다. 하지만 태양광과는 다른 파장, 다른 성질을 가지고 있어 식물이 충분한 광합성을 할 수 없습니다. 식물등은 형광등이 내지 않는 적외선, 자외선 영역까지 내주기 때문에 좀 더 식물의 광합성에 도움이 됩니다. 식물등이 필요하다면, 6-3 식집사의 조명 활용법_식물등을 참조하세요.

식물이 원하는 빛보다 더 많은 양의 빛을 장시간 쬐었을 때는 어떨까요?

사람과 마찬가지로 화상을 입습니다. 잎 데임현상이라고도 합니다. 증상으로는 잎 전체가 노르스름하게 변색되다가 부분적으로 갈색 또는 검은색으로 그을린 듯한 모습이 됩니다. 심하면 잎에 구멍이 나기도 합니다. 실내 식물이 화상을 입는 경우는 별로 없을 것 같지만, 반그늘을 좋아하는 식물이 갑작스러운 환경 변화로 빛을 한꺼번에 받을 때나 물 줄때 잎에 남은 물방울이 볼록렌즈 효과를 만들어 잎이 탈 수 있습니다.

바람(Wind) · 통풍(Ventilation)

식초보들이 흔히 하는 실수 중 하나가 통풍을 간과한다는 점인데, 의외로 많은 식물이 통풍 불량으로 죽습니다. 특히 로즈메리, 민트, 바질 등 잎에 향기가 있는 허브류를 키우신다면 더욱 통풍에 유의해야 합니다.

요즘 아파트는 베란다 확장형 거실이 많습니다. 집은 더 커지겠지만 식물의 통풍에는 불리해요. 베란다가 있는 집이라면 통풍에 조금 더 유리하겠지만 그조차 안심할 수 없습니다. 바깥 새시를 자주 열어 통풍을 시키지 않는다면 확장형 거실이나 큰 차이가 없을 테니까요.

통풍이 좋지 못하면 내 식물은 왜 죽을까요?

첫 번째로, 광합성을 하지 못해 필요한 양분을 얻지 못합니다. 식물은 이산화탄소를 흡수하여 광합성 작용을 하고 산소를 방출합니다. 그런데 잎 주변 공기가 순환되지 않아서 기공 근처의 산소 농도가 높아지면 원활히 광합성을 할 수 없습니다. 그리고 바람은 먼지나 모래 등의 이물질을 날려 잎에 쌓이는 것을 막아주는 역할도 합니다. 이물질이 잎에 계속 쌓이면 빛을 차단하게 돼서 이 또한 광합성에 좋지 못한 영향을 끼치게 되죠. 양분을 제대로 얻지 못하는 식물은 점점 약해질 수밖에 없습니다.

두 번째로, 병충해가 생기기 쉽습니다. 통풍은 제대로 안 되는데 물을 계속 주다 보면 화분의 흙도 잘 안 마르고, 주변 공기의 습도가 높아집니다. 그럴 때 화분의 흙이나 잎에 곰팡이가 필 수도 있고, 축축한 흙을 좋아하는 해충(대표적으로 뿌리파리)에게 피해를 볼 수도 있습니다. 바이러스에 감염될 확률도 올라갑니다.

습해지는 것이 문제라면, 건조한 봄·가을이면 통풍 문제가 없을까요?

건조하고 통풍이 안 되는 상황을 좋아하는 해충도 있습니다(총채벌레, 응애 등). 이처럼 습도와 관계없이 통풍 불량은 여러 가지 문제를 일으키므로, 반려 식물을 위해 통풍은 중요한 요소 중 하나입니다.

1-2 병해충

외부에 노출된 공간(아파트 화분 걸이대, 테라스, 마당 등)에 있는 화분이라면 종종 발생하는데, 그렇다고 실내에 있다고 안 생기는 것도 아닙니다. 오히려 더 자주 생길 수도 있습니다. 그냥 자주 생긴다고 하는 게 맞을 것 같습니다. 실내에서 키우는 식물은 더 세심히 관리하지 않으면 앞서 언급했던 3가지 요소(물, 햇빛, 바람)가 충족되지 않아 식물이 약해집니다. 약해진 식물은 병해충에 더 취약해질 수밖에 없는데, 초기에 발견해서 적절한 대처를 하지 않으면 한순간에 죽고 말죠. 피해를 본 그 화분만 죽는 것이 아니라 주변 화분에 옮겨갈 수 있어서 자칫하다가 우리 집 식물원이 쑥대밭이 될 수도 있습니다.

하지만 초보 식집사는 초기 증상을 발견하기 쉽지 않아서, '어 이게 뭐지?' 할 정도면 이미 손쓸 수 없이 번져있는 경우를 많이 보았습니다. 실내 가드닝은 병해충과의 싸움이라고 해도 무방합니다. 그만큼 중요한 부분으로 5-3 해충방제에서 더 자세히 다루도록 하겠습니다.

1-3 사랑으로 준 비료

식물을 잘 키우고 싶은 마음이 앞서서, 새로 들인 식물에 비료를 준다면 과연 그것이 식물에 도움이 될까요?

자연에서라면 식물은 뿌리내린 곳에서 움직일 일이 없습니다. 그런 식물 입장에서 갑자기 인위적으로 환경의 변화(빛의 양, 온도, 습도 등)를 겪는다면 적응하는 데 생각보다 시간이 오래 걸립니다. 분갈이해서 들고 왔다면 더욱 그렇습니다. 뿌리를 새 흙에 단단히 박고, 새 환경에 적응할 때까지 기다려주세요. 위치를 옮긴 후부터 새순이 날 때까지 비료는 주지 않는 것이 좋습니다.

식물이 갑자기 시름시름 할 때, 안타까운 마음에 수액 달듯이 비료를 주는 사람을 많이 보았습니다. 식집사라면 절대 해서는 안 될 행동입니다. 이는 마치 장염 환자에게 기름진 고기를 먹이는 것과 같은 행위인데, 그러잖아도 병약해진 식물이 그대로 초록별로 떠날 수 있습니다. 비료도 몸이 받아들일 수 있을 때나 약이지, 섣불리 쓴 약은 독이 될 수 있습니다.

아파서 병원에 가 보면, 가장 많이 듣는 말이 뭔지 기억하시나요? 바로 '푹 쉬세요' 입니다. 식물의 푹 쉬는 법은,

∨ 햇볕이 직접 들지 않고(반그늘)
∨ 통풍이 잘되는
∨ 서늘한 곳에 있는 것입니다.

햇볕을 잘 쬐어야 빨리 낫지 않을까 생각할 수도 있겠지만, 식물은 햇볕을 받으면 광합성을 합니다. 뿌리에서 물도 끌어와야 하고, 식물의 엽록소 공장이 바쁘게 돌아가는 '일하는 상태'가 돼버리는 거죠. 아픈 사람에게 일하라고 채근하는 것과 다르지 않으니 꼭 그늘(완전히 차단하기보다는 직접 볕에 닿지 않는 그늘)에 두어 휴식 할 수 있도록 합니다.

휴식 시간이 생각보다 오래 걸릴 수도 있습니다. 예쁜 식물이 괜히 식초보인 나에게 와서 이렇게 죽는 걸까? 할 수도 있겠지만, 섣부른 자책은 금물! 줄기를 한번 잘라 봅니다. 잘린 단면을 봐서 바삭하게 마른 갈색이라면 죽은 부분이고, 초록색이라면 아직 살아있는 것입니다. 줄기 끝이 갈색이라고 해서 죽었다고 판단하는 것도 아직 이릅니다. 그럴 때 뿌리

쪽에 가까운 줄기의 단면을 다시 한번 확인해 봅니다. 어느 한 가지에라도 초록색이 보인다면 아직 희망이 있습니다. 적절한 조처를 한 뒤 조금만 더 인내심을 갖고 기다려보면, 어느 순간 마른 가지에 작은 새순을 볼 수도 있습니다. 그 작고 여린 새순에서 뿜어내는 식물의 강인한 생명력에 경이로움을 느낄 수 있습니다.

MEMO

우리집에 맞는 식물 찾기,
식물도 좋아하는 환경이 다 다르다!

물, 햇빛, 바람 세 가지를 다 조심하면서 키웠는데도 식물이 죽는다면, 내가 키우는 식물이 유난히 어려운 식물은 아닐까? 생각할 수 있습니다. 그래서 키우기 쉬운 식물을 찾아보는 분들도 있죠. 인터넷을 찾아보면 키우기 쉬운 식물에 대한 정보는 많이 있습니다. 물론 좋은 조언이지만, 모두에게 다 맞는 이야기가 아닐 수도 있습니다. 사람과 사람 간에도 궁합이 있듯이, 식물과 식집사 사이에도 궁합이 분명 존재합니다.

나에게 맞는 식물은 어떻게 찾을 수 있을까요?

두 가지 중요한 요소가 있습니다. 식물을 키우는 사람과 식물을 놓는 공간의 환경입니다. 조건별로 식초보가 키우기 어려운 식물을 표로 정리해 보았습니다.

	야외 공간 (테라스 or 마당 화분)	해가 6시간 이상 드는 베란다	해가 6시간 이상 드는 확장형 거실	해가 2시간 미만 드는 곳
*집순이	열대식물	야생화	야생화, 화초	야생화 화초 관엽
집을 자주 비움	율마, 수국, 텃밭 식물 등 물 좋아하는 식물 제외			야생화 화초 관엽 고사리

* : 매일 식물을 돌볼 수 있는 사람을 의미

빛이 잘 들지 않는 집(2시간 미만 드는 곳)이라면 화초 대신 음지식물(고사리, 스킨답서스, 산세베리아 등)을 키우는 것을 추천합니다. 꽃은 햇빛을 많이 필요로 하거든요. 집을 자주 비우는 사람이 율마를 키우는 것도 권하지 않습니다. 율마는 물을 아주 좋아하는 식물 중 하나로, 봄 여름철 하루이틀 집을 비우는 것만으로도 죽을 수 있습니다.

권하지 않는다고 하였지, 불가능한 것은 아닙니다. 하지만 환경을 보완하기 위한 별도의 부단한 노력이 필요합니다. 앞에서 설명해 드린 아이템(식물등, 서큘레이터 등)을 이용하지 않으면 키우기가 어렵습니다.

식물의 생김새를 보고 유추해 보세요.

초보 식집사에게는 앞의 표가 모호할 수 있습니다. 만약 직접 매장에 가서 구매할 경우는 사장님께 직접 물어보는 것이 가장 좋지만(물을 좋아하는지, 빛을 좋아하는지, 통풍이 많이 필요한지), 물어보기 어려운 상황이라면 식물의 생김새를 보고 어떻게 키워야 할지 유추해 볼 수 있습니다(100%는 아닙니다). 그리고 나와의 궁합이 좋을지 생각해 본 뒤 키우면 실패할 확률이 줄어듭니다.

잎이 두껍고 큰 경우

▲ 넓고 두꺼운 관엽

초보 식집사들이 도전하기 좋은 식물입니다.

두꺼운 잎과 줄기에 물을 저장하고 있어서 물 주기를 세심하게 조절하지 않아도 알아서 잘 크는 식물입니다. 햇빛과 바람에도 비교적 덜 예민한 편이라 집을 자주 비우셔도 괜찮습니다. 오히려 조금 물을 덜 주는 것이 안전합니다. 물을 줄지 말지 고민이 된다면 한번 참는 편이 낫습니다.

이런 식물은 보통 더운 지방이나 열대우림 출신이 많아서, 보통 추위에 약합니다. 겨울철에 온도가 10도 이하로 내려가는 곳에 키운다면, 너무 추워지기 전에 따뜻한 실내로 옮겨주세요. 그 이하로 내려갈 경우 잎이 까맣게 변하면서 물러지는 냉해를 입을 수 있습니다.

잎이 얇고 작은 경우

▲ 얇은잎

물 주기, 통풍 모두 신경 써야 합니다.

해충이 잘 생기는 편인데, 여린 식물이 보드랍고 맛있다는 것은 벌레가 더 잘 알고 있나 봅니다.

물을 너무 많이 줘도, 적게 줘도 둘 다 문제가 되므로 적절한 타이밍에 물을 줘야 하는 식물입니다. 가지 끝 잎이 약간 처질 때 물을 주면 됩니다.

잎이 빽빽이 나 있다면 가지치기를 반드시 해야 합니다. 잎이 풍성하면 통풍에 불리합니다.

무늬 또는 색이 있는 경우

▲ 제라늄   ▲ 몬스테라 알보

햇볕이 생명입니다.

이름에 '무늬', '자엽', '알보'가 붙은 식물들이 해당합니다. 그 외에도 '제라늄', '휴케라' 같은 식물도 잎에 독특한 무늬나 색이 있는 특징을 가진 대표적인 식물입니다.

빛이 모자라면 무늬나 색이 없어지면서 초록 잎으로 변합니다. 조금이라도 빛을 더 받아서 일할 엽록소가 더 많이 필요하기 때문이죠.

그렇다고 직사광선이 무조건 좋은 것만도 아닙니다. '알보' 같은 하얀 무늬의 경우 직사광선에서는 잎이 타기 쉬워서 조심해야 합니다. 밝은 실내가 좋습니다.

잎에서 특유의 향이 있는 식물[허브]

▲ 로즈메리

통풍, 햇볕 둘 다 중요합니다.

통풍, 햇볕 조건이 좋으면 엄청난 속도로 자라서 식집사의 식탁을 풍성하게 해주지만, 어느 것 하나라도 좋지 못하면 금세 죽는 식물입니다. 해충 피해도 조심해야 합니다. 사람이 먹기에 맛있는 풀은 벌레가 잘 아는 것 같습니다.

앞 장에서 바람의 중요성을 강조했습니다. 그 어떤 식물보다도 통풍이 중요한 식물이 바로 허브입니다.

허브는 성장이 빠르고 잎을 많이 만들어내는 만큼 잎 주변의 이산화탄소를 빨아들여서 양분을 만들고 산소를 내뱉는 광합성 작용을 활발히 합니다. 그러면 잎 주변의 산소 농도가 높아지게 되는데, 이 산소층을 바람이 깨뜨려주지 못하면 잎은 기공을 열고 호흡할 수가 없습니다. 그래서 허브를 키운다면, 집에서 가장 볕이 좋고 바람이 잘 드는 명당을 내주어야 합니다.

잎이 통통한 식물[다육]

▲ 다육

물을 잎에 저장하고 있어, 잎이 두꺼운 식물보다 더 건조에 강합니다.

건조에 강하다는 얘기는 보통 과습에 약하다는 말과도 같습니다. 다른 식물들 물 줄 때, 다육식물은 물 주기 대신 잎을 살펴봅니다. 잎을 살살 만져보셔도 됩니다. 잎에 살짝 주름이 지거나, 만져보았을 때 단단하지 않고 말랑할 때까지 참았다가 물을 줍니다. 그러면 금방 잎에 탄력이 생긴답니다. 흙도 다른 식물들과 같은 분갈이 흙을 쓰면 과습이 올 수 있습니다. 다른 화분에 비해 물 빠짐이 좋은 흙을 사용해야 합니다. 흙을 많이 필요로 하지도 않습니다. 분갈이한다면 다육 전용토를 따로 구매해서 사용합니다.

대부분의 다육은 생각보다도 더 햇빛을 많이 필요로 합니다. 직사광선도 끄떡없습니다. 식집사들은 직사광선에 '달달 굽는다'라고 표현하기도 합니다. 잘 구워진 다육식물은 잎이 하얘지거나 보랏빛으로 예쁘게 물든답니다.

고사리

▲ 고사리

흔히 아기 손을 '고사리 손'이라 부르는 것처럼, 동그랗게 말아 쥔 손의 모습을 한 새순이 있다면 고사리 종류일 확률이 높습니다.

고사리를 흔히 먹는 나물로 생각하지만, 관상용으로도 인기가 높은 식물입니다. 전 세계의 온대와 난대에 고루 분포하는 양치식물로서, 고생대 때부터 번영한 뿌리 깊은 식물입니다. 공룡의 흥망성쇠를 모두 지켜보았던 식물이 지금까지도 존재하는 만큼, 그 생명력은 어마어마합니다. 병충해에 강하며, 말려 죽인 뒤라도 화분 흙에 물을 주면 곧 새순이 올라옵니다.

종류가 무척 많습니다. 한국만 해도 300여 종의 고사리가 자생하고, 관상용으로 키우는 고사리의 대표적인 종류만 나열해도 아디안 텀, 보스턴, 후마타, 더피, 블루스타, 솜사탕, 에버잼 등이 있습니다.

이런 고사리 종류의 식물들은 직접 물을 주는 것도 중요하지만 잎 주변 습도(공중 습도)도 매우 중요합니다. 식물을 키우는 곳이 건조하다면, 고사리 키우기는 한 번 더 고민해 봅니다. 수시로 잎 주변에 분무기를 뿌려주시거나, 가습기를 식물 옆에 두는 정성이 추가로 더 필요할 수도 있습니다.

고사리는 대표적인 음지식물로, 아예 빛이 필요 없는 것은 아니지만 직사광선을 좋아하지 않습니다. 창을 통해 들어오는 빛만으로도 충분합니다. 그마저 없다고 해도 형광등 아래에서도 잘 자랍니다. 식물을 키울 곳이 해가 잘 들지 않는 곳일 때 좋은 선택일 수 있습니다. 귀엽고 동그란 새순 보는 맛이 쏠쏠하답니다.

이렇게 생김새를 보고 어떻게 키워야 할지, 내가 키울 수 있을지 대략 유추가 가능하지만, 예외도 물론 있습니다. 생김새를 뜯어보아도 어떤 환경을 좋아할지 헷갈린다면, 자생지를 검색해 보는 것도 좋은 방법입니다. 식물 이름을 알지 못해도 괜찮습니다. 요즘은 사진으로 검색이 가능합니다.

예를 들어, 로즈메리의 자생지는 지중해 연안입니다. 여름은 사막처럼 고온 건조하며 겨울은 흐리고 비가 많이 오는 곳이죠. 이런 곳에 살던 식물은 한국의 여름은(특히 장마철 찜통더위) 힘들 수밖에 없습니다. 자생지와 그 기후를 알고 있으면 키우기 어렵지는 않은지, 어떻게 키워야 하는지 예측할 수 있는 좋은 힌트가 됩니다.

2-3 우리 가족에게 안전한 식물 찾기

아기나 반려동물과 함께 살고 있다면? 한 가지 더 생각해 봐야 할 조건이 있습니다. 바로 안전 문제입니다. 호기심 많은 친구가 입에 넣거나 만질 수 있습니다. 많이 키우는 식물이라고 해도 간혹 먹었을 때, 혹은 닿았을 때 위험한 식물들이 있습니다.

동물들은 천적을 만났을 때 움직여서 도망갈 수 있지만, 땅에 뿌리를 박고 사는 식물은 그렇지 못합니다. 그래서 만들어 낸 무기가 바로 독성입니다. 먹지 못하게 하는 방법으로 자신을 지키는 거죠. 대부분 식물은 약하게나마 독성이 있다고 합니다. 심지어 사람이 먹는 채소 중에도 생식하거나 과다 섭취하면 중독증상을 일으키는 것도 있습니다(똑똑한 인간은 이 식물의 많은 독성물질을 약으로 사용하기도 합니다).

독성이 강한 식물은 냄새가 역하거나 맛이 없습니다. 들판에 풀어놓은 소가 아무 풀이나 다 뜯어 먹는 것 같지만, 코로 냄새를 맡아가면서 나름대로 골라 먹는다고 합니다. 이처럼 자연환경에서 식물과 동물의 공존은 자연스럽습니다. 그 말은, "집에 고양이(강아지)가 있으니 식물은 못 키워"라는 말은 어불성설이라는 뜻입니다. 일반적으로 고양이는 육식동물이라 태생적으로 식물을 먹고 싶어 하지 않고(고양이가 풀을 먹을 때는 소화가 힘든 뼈나 털을 뱉어내고 싶을 때 구토를 위한 목적입니다. 고양이가 좋아하는 캣닢은 특이한 케이스로 제외), 후각이 예민한 강아지 또는 고양이는 독성이 강한 식물의 냄새를 맡으면 본능적으로 회피합니다. 먹더라도 금방 토해냈거나, 정말 맛만 본 정도라면 크게 문제가 되지 않을 겁니다.

이번 장에서는 독성이 강해 주의가 필요한 식물을 몇 가지만 소개해 드리겠습니다. 집에 지켜야 할 작고 소중한 생명이 있다면, 식물을 들이기 전에 확인해 봅니다.

반려동물에게 해가 되는 대표적인 식물은?

🌱 아이비

상록성 덩굴식물로 송악속 두릅나무과에 속하는 아이비는 집에서 화분으로 많이 키우기도 하고, 담이나 벽에서도 잘 자라서 조경에서도 활용을 많이 하는 식물입니다. 하지만 아이비에는 트리테르페노이드 사포닌(Triterpenoid Saponin)이라는 성분이 있습니다. 잘랐을 때 나오는 즙에 닿으면 접촉성 피부염을 일으키며, 먹었을 때 구토, 복통, 침 과다 분비, 설사가 나타날 수 있습니다. 심하면 호흡곤란을 일으키기도 합니다. 이 성분은 모든 부분에 들어있지만, 특히 잎에 많이 있어, 예민한 경우는 잎을 만지기만 해도 증상이 나타나기도 합니다. 특히 어린 고양이의 경우 늘어진 잎이 바람에 살랑이는 것을 보고 달려들어 잎에 상처를 내서 진액을 묻히거나 먹게 되는 경우도 있다고 합니다.

반려동물뿐만 아니라 사람도 진액에 닿거나 섭취 시 염증을 일으키니 아이가 있는 집에서도 조심해야 합니다.

아이비도 그 종류가 매우 많습니다. 이름에 아이비가 붙어있는 식물은 모두 조심해야 하지만, 그중에서도 잉글리쉬 아이비의 독성이 강하니 키울 때 특히 주의합니다.

🌱 백합과(백합, 나리, 튤립, 히야신스)

화분으로 키우거나 꽃다발 선물로도 많이 쓰이는 백합과 식물들은 식집사들에게는 우아하고 향기로운 구근식물로 유명하지만, 동물집사들 사이에서는 가장 유명한 독성 식물입니다. 특히 고양이에게 더욱 치명적입니다. 어떤 성분이 원인이 되어 중독을 일으키는지는 아직 명확히 알려진 바는 없지만, 꽃과 잎, 줄기는 물론, 뿌리까지 조금만 섭취해도 구토, 설사, 식욕부진을 일으키고, 심할 경우 신부전으로 발전해 죽을 수 있습니다. 백합의 가장 무서운 점은, 접촉하지 않아도 문제가 될 수 있다는 점입니다. 백합을 꽂았던 꽃병의 물만 먹어도 중독증상을 일으킬 수 있고, 그루밍하다 털에 붙은 꽃가루를 조금 먹게 되는 정도로도 죽음에 이른 고양이의 사례도 있다고 하니 각별히 조심해야겠습니다.

🌱 수선화과 (수선화, 아마릴리스, 차이브)

봄철에 화단과 들판에서도 흔히 볼 수 있는 수선화는 리코린(Lyco-tine)이라는 독성을 가지고 있으며, 뿌리 부분에 가장 많은 독성이 분포되어 있습니다. 조금만 삼켜도 침 과다분비, 구토, 설사를 유발하고, 많이 먹으면 경련, 저혈압, 부정맥을 일으킵니다. 일부 강아지나 고양이에게서는 피부 알레르기 증상이 발견되기도 합니다.

🌱 소철

이국적인 느낌과 강인한 생명력으로 키우기도 쉬워 제주도 등의 남부 지역에서는 조경수로 쓰이고 있습니다. 잎이 아름다워 실내 관상용으로

도 많이 키우지만, 사실 독성이 강한 식물 중 하나입니다.

사이카신(Cycasin)이라는 성분 때문입니다. 구토, 설사를 유발하며 심한 경우 간이나 신장을 파괴하고 신경계 마비까지 일으킵니다. 특히 종자(씨앗)에 이 물질이 가장 많다고 합니다.

🌱 협죽도

줄기가 대나무를 닮고 꽃은 복숭아꽃을 닮았다고 하여 협죽도(夾竹桃)라고 불리는 이 식물은 오염에 강한 내성을 가지고 정화 능력도 뛰어나 한때는 남쪽 지방의 가로수로도 활용했지만, 유해성 문제가 대두되면서 대체 수종으로 교체한 사례까지 있는 식물입니다.

협죽도에 있는 올레안드린(Oleandrin) 성분은 고양이, 강아지뿐만 아니라 사람도 섭취 시 구토, 설사뿐만 아니라 심장 수축력을 증가시켜 심장마비까지 유발할 수 있습니다.

인간은 이 독성을 활용하여 강심제를 만들고, 알코올에 우려낸 물을 사용하거나 비닐하우스 내에서 협죽도를 훈증하여 천연 농약으로 활용하기도 한다고 합니다. 독성도 잘 활용하면 이롭지만, 어린아이나 반려동물을 키우는 집에서는 집에 들일 때 충분히 고려해야 합니다.

🌱 화분 흙

초보 식집사 시절, 집에 아기 손님이 놀러 온 적이 있습니다. 어른 두 명이 막 아장아장하는 아기 하나를 보고 있었는데도 아기가 순식간에 흙을 집어 먹는 것을 막을 수 없었던 기억이 납니다. 얼른 입안을 닦아주고 손을 씻기는 것으로 해프닝은 끝났지만, 혹시나 흙에 약품을 썼다던가, 화분 위에 꾸밈돌이 있어 잘못 삼켰다든가 했었더라면 어땠을까 하는 생각을 하면 지금도 간담이 서늘해집니다. 아기가 있는 집이라면 화분을 손이 닿지 않는 곳으로 두어야 합니다.

반려동물도 간혹 흙을 발이나 코로 파헤치는 경우가 있습니다. 실내 화분에 약품(혹은 비료)을 쓰는 것에 신중히 하고, 흙이 흩어지지 않도록 관리에 주의해야 합니다.

응급처치법이 있을까요?

　깨끗한 천에 물을 묻혀 입안을 닦아주고, 식물 조각이 입에 있다면 즉시 제거합니다. 먹은 즉시 구토를 하게 하는 것이 좋지만, 의사의 지시 없이 임의로 약물이나 민간요법으로 구토를 유발하게 하면 부작용이 있을 수 있습니다. 바로 근처 병원에 전화하여 문의 후 즉시 동물병원으로 데려가서 적합한 처치를 받도록 하는 것이 제일 좋습니다. 진액을 만졌다면 즉시 흐르는 물로 씻고 경과를 관찰합니다.

만약 독성식물이 집에 있다면, 어떻게 할까요?

　독성이 있는 식물이라면 가급적 집에 들이지 않는 것이 좋지만, 만약 집에 이미 있다면 손(혹은 발)이 닿지 않는 곳에 두어야 합니다. 벽에 걸어둔다거나, 작은 유리온실을 활용하는 방법도 있습니다. 식물에 접근하지 않도록 미리 반려동물을 훈련하는 것을 추천합니다. 베이비룸 같은 장애물로 아기나 반려동물이 식물에 가까이 가지 못하게 하는 방법도 좋습니다.

개와 고양이에게 독이 되는 성분이 없는 식물은?

　식물의 독성에 더 민감한 것은 고양이입니다. 육식동물이라 소화기관이 고단백, 고지방 음식을 소화하는 데 초점이 맞춰져 있기 때문에 식물은 기본적으로 소화하지 못합니다. 식물이 가지고 있는 독소를 분해하는 요소가 인간이나 강아지(개)에 비해 현저히 떨어질 수밖에 없겠죠.

비교적 안전한 식물은 파키라, 고사리, 야자(아레카, 테이블), 로즈메리, 미스킴 라일락, 녹보수, 장미허브, 바질, 페페 등입니다.

예시로 몇 가지만 들었지만, 우리 집 식물이나 들이고 싶은 식물의 독성에 대해 더 알아보고 싶다면 직접 검색해서 찾을 수 있습니다.

http://www.aspca.org
ASPCA(The American Society for the Prevention of Cruelty to Animals)

미국의 동물 보호단체에서 만든 사이트에서는, 식물의 영어명을 검색하면 동물에 대한 독성 여부, 독성 성분, 중독 증상을 찾을 수 있으니 참고하면 좋겠습니다.

이렇게만 보면 아이나 동물을 키우는 집에서는 식물을 안 키우는 것이 낫겠다고 생각하실 수도 있겠습니다.

그러나, 아이나 동물들도 흙과 풀 냄새를 맡으면 심리적인 안정을 느낄 수 있습니다. 조심해야할 부분만 잘 숙지해서, 가족과 함께하는 아름다운 가드닝을 통해 더 큰 기쁨과 평화를 만끽하세요.

실전! 반려 식물 키우기

　고민을 거듭한 끝에 결국 내 맘에 쏙 든 식물을 구매하기로 했다면, 여러분은 똑같아 보이는 포트 중에 어떤 식물을 고르실 건가요? 혹시 느낌대로 골라잡은 화분을 집에 그대로 들이시나요? 이렇게 하셨다면, 여러분은 다시 식물 킬러로 돌아갈지도 모릅니다. 식초보라면 알아야 할 식물 구매법부터 관리까지 차근차근 알아보겠습니다.

3-1 식물을 살 때 주의할 점

식물 쇼핑할 때도 다른 쇼핑을 할 때처럼 꼼꼼히 따져보고 사야 합니다. 단순히 예쁘다고 덜컥 사 왔다가는 돈 주고 해충·병균을 데리고 올 수도 있습니다. 그 식물이 원래 있던 꽃집을 생각해 보면, 식물이 **빽빽하게** 들어차 있지 않던가요? 그중의 하나라도 해충·병균이 있었다면 주변 식물에 번지기 딱 좋은 환경입니다.

식물을 구매할 때는 겉모습만 보는 것이 아니라 잎 뒷면, 흙을 꼼꼼히 살펴야 합니다. 해충·병균이 있는 식물이라면 분명히 그 흔적이 있습니다. 잎이 얼룩덜룩하거나, 거미줄이 있거나, 잎이나 줄기에 물엿 같은 끈끈한 액체가 묻어있는 것이 대표적인 흔적입니다(벌레를 직접 목격할 수도 있습니다). 이런 흔적이 있는 식물은 최대한 거르고 잎이 깨끗하고 튼튼해 보이는 식물을 골라야 합니다. 요즘은 인터넷으로도 식물 구매를 많이 하지만, 초보라면 오프라인 매장에서 구매하는 것을 권장합니다. 온라인으로 오는 식물은 배송 중에 문제가 생길 수도 있고, 병약한 개체를 받았을 때 대처가 어렵기 때문입니다.

그럼, 꼼꼼히 살펴보고 구매했다면 해충에서 안심일까요? 절대 그렇지 않습니다. 아무리 잎을 살핀다고 하더라도, 흙 안에 있는 벌레까지는 볼 수 없기 때문입니다. 해충 중에는 유충일 때 흙 속에 있다가 성충이 되어 밖으로 나오는 경우도 있으므로, 안심은 금물입니다. 식물을 처음 구매했을 때는 바로 내 정원에 들이지 말고, 방제 작업을 해야 합니다.

식물킬러, 식집사 되기

43

1 불필요한 가지, 잎을 뗀다.

화원에서 플라스틱 포트에 파는 식물들은 대개 풍성하게 해 보이기 위해서 잎을 빽빽하게 두는 경우가 많습니다. 보기에 좋아 보일지는 몰라도 식물에게는 그리 좋지 않습니다. 통풍에 문제가 생길 확률이 높고, 해충이 생기기 쉽거든요.

잎이 겹치는 부분이 없도록 잘라주고, 땅에 붙어있는 화초류가 아니라면 화분 흙과 너무 가까운 잎이나 가지도 잘라줍니다. 흙에 잎이 너무 가까우면 물에 자꾸 닿게 되어 물러지고 병이 생기는 등, 좋을 것이 없기 때문입니다. 잎이 누렇거나 시든 부분도 정리합니다.

2 잎의 앞 뒷면을 샤워기로 꼼꼼히 씻어준다.

흙 부분에 물이 들어가지 않게 기울여서 씻거나, 봉지나 랩으로 흙 부분을 잘 막은 다음 잎 샤워를 시켜줍니다. 잎에 있던 해충이 흙에 들어가는 것을 막아주기도 하고, 화장실이나 베란다라면 바닥이 흙탕물 범벅이 되는 참사를 막을 수 있습니다. 샤워기 수압으로 잎에 붙은 먼지와 벌레를 털어낸다는 느낌으로 해 주면 됩니다.

3 분갈이를 해준다(필수는 아니지만 권장)

플라스틱 포트 상태의 식물을 샀다면 처음 샀을 때 분갈이해 주는 것이 좋습니다. 비좁은 플라스틱 포트 분에 뿌리가 똬리를 틀고 욱여넣어져 있어 뿌리 통풍에 좋지 않을뿐더러 식물의 성장에도 어려움이 있기 때문입니다. 분갈이하면서 흙에 있는 해충을 어느 정도 걸러낼 수 있는 장점도 있습니다.

포트를 돌려가며 살살 주물러주면서 포트의 벽면과 흙을 분리해 준 후에 포트 밑바닥을 누르면서 식물을 뽑아냅니다. 뿌리가 다치지 않게 조심해서 흙을 적당히 털어낸 후 너무 크지도 작지도 않은 크기의 화분에 옮겨 심어주면 되는데, 초보 식집사라면 꽃집에서 분갈이해서 오는 것을 추천합니다. 적당한 크기를 추천받을 수 있고, 분갈이하는 모습을 보면서 눈으로 배울 수도 있기 때문입니다. 보통 식물과 화분을 같이 사고 식물이 크기에 따라 다르지만, 몇천 원 정도 더 추가하면 분갈이를 할 수 있습니다. 분갈이 방법은 다음 장에서 자세히 다루겠습니다.

분갈이 해둔 식물을 사 와서 그대로 두었다면, 흙 위에 조약돌 같은 예쁜 장식 돌이 올려져 있을 수도 있습니다. 보기에는 예뻐 보일지 몰라도 사실 식물에게는 좋지 않습니다. 겉흙을 덮어놓아서 통풍에 불리하고, 식집사들이 눈으로 보고 손으로 찔러보기가 불편해서 물 주기 타이밍을 잡기가 어려워지기 때문입니다. 그런 돌이 있다면, 아쉽지만 걷어냅니다.

4 약 치기(해충 방제)

전문 농약이 아니더라도 친환경 살충제는 어느 꽃집이나 있습니다. 가격도 2~3천 원짜리부터 만 원 이하의 저렴한 가격으로 구할 수 있으니,

식물을 살 때 하나 같이 구매하는 것을 추천합니다. 잎 샤워를 한 후에 다른 식물과 떨어진 곳에 두고 정해진 용량·용법에 따라 살포한 후 하루 정도 가만히 둡니다. 하루 이틀 후 물 샤워를 한 번 더 시켜준 뒤, 점찍어둔 자리에 입주시켜 주면 됩니다. 해충이 없는 것 같은데도 이 작업을 권장하는 이유는, 해충·병균 방제 작업은 눈에 보일 때 하면 더 힘들기 때문입니다. 건강하고 깨끗할 때 미리미리 방제하면 관리가 훨씬 수월합니다.

3-2 어디에 식물을 놓을까?

새로 데려온 예쁜 식물을 어디에 놓으면 좋을까요? '잘 보이게 책상 위에 둬야지'라고 생각하신다면, 2장을 다시 한번 읽어봅니다. 예쁜 곳, 내가 보기 좋은 곳에 식물을 두는 것이 아니라, 식물의 특성에 따라(햇빛, 통풍, 온도) 가장 살기 적당한 곳을 찾아야 합니다. 통풍이 중요한 식물이라면 환기를 잘 시킬 수 있는 창가에 두어야 하며, 빛이 중요하다면 해가 가장 잘 드는 곳으로 두어야 합니다. 낮은 온도에 약한 열대식물은 춥지 않은 곳으로 선택해야 합니다.

3-3 관리법

물주기[관수]

물 주는 타이밍을 가장 정확히 알 수 있는 법은 화분 흙에 손가락 찔러 보기입니다. 손가락 한 마디 정도 넣었다가 빼봤을 때, 흙이 묻어나지 않는다면 (마른 느낌이 든다면) 물을 줘도 된다는 의미입니다. 아직 축축하고, 손에 흙이 묻어나온다면 조금 더 참아보세요. 손에 흙 묻는 게 귀찮고 싫다면 손가락 대신 나무젓가락을 이용하셔도 좋습니다.

일반적으로 식물에 가장 좋은 상태는 화분에 드러나 있는 겉흙을 만졌을 때 습기가 약간 느껴지는 정도입니다 (촉촉한 식빵을 손으로 눌렀을 때의 습기 정도). 그보다 더 말라서 바삭한 느낌이 든다면 물을 주어야 할 시기이고, 그보다 더 축축하면 물을 주면 안 됩니다. 손으로 확인하기가 익숙해지면 이 식물이 이 화분에서 어느 정도 주기로 물을 먹는지 감을 잡을 수 있습니다. 그러면 화분 겉흙의 색깔만 보고도 물 주기 타이밍을 알 수 있습니다. 물을 준 뒤의 흙 색깔을 관찰하고(물을 머금으면 진해집니다), 흙 색깔이 밝게 변하면 겉흙이 말랐으니 물을 줘도 됩니다.

이 방법은 대략적인 가이드일 뿐입니다. 모든 식물이 똑같지는 않고, 같은 식물이라도 환경에 따라 달라지거든요. 예를 들어 물을 아주 좋아하는 식물(율마, 타라, 보스턴고사리, 워터코인 등)은 겉흙이 완전히 마르지 않도록 좀 더 자주 주고, 축축한 흙을 싫어하는 식물(제라늄, 다육식물, 잎이 통통하거나 털이 있는 식물들)은 가이드의 물 줄 타이밍에서 하루 이틀 더 참고, 속 흙이 마른 것을 확인한 뒤 물을 줘야 합니다. 몇 번 해 보면 대충 어느 정도 주기인지 감이 옵니다. '이 식물은 이틀에 한 번이구나!' 하고 기계적으로 주면 안 됩니다. 날씨와 계절에 따라 주기가 변하기 때문입니다. 생장이 활발한 봄부터 장마가 오기 전까지는 물이 빨리 말라서 물 주는 주기가 더 짧아지고, 생장을 멈추는 영하의 한겨울 날씨에는 물 주기가 길어집니다.

▲ 잎처짐신호

며칠에 한 번, 딱 정해주면 좋을 텐데, 참 어렵죠? 길게 설명했지만, 결론적으로 '언제 물을 줘야 할까요?'에 대한 정답은 '내 식물이 원하는 때'입니다. 식물에 자주 관심을 가져야 합니다. 오가며 흙도 한번 만져보고, 잎을 잘 관찰하면, 물 달라는 표현이 보일 겁니다.

그럼 한 번 줄 때 얼마나, 어떻게 줘야 할까요?

화분 물구멍으로 물이 나올 때까지 주면 됩니다. 물을 싫어하는 식물이라고 해서 물 줄 때 너무 조금 주게 되면 겉흙은 젖어도 아래의 뿌리는 물이 닿지 않을 수 있어 뿌리를 상하게 할 수 있습니다. 반대로, 물 좋아하는 식물이라 해서 화분 받침대에 물이 넘치도록 콸콸 주면, 흙에 있는 영양분의 손실이 커지므로 좋지 않습니다. 물이 고여있으면 벌레가 생기기도 쉽고, 뿌리 건강에도 좋지 않습니다. 받침대에 고인 물은 비워주는 것이 좋습니다.

물이 샤워기처럼 여러 줄기로 부드럽게 나오는 물뿌리개를 사용하여 천천히 주면서 흙이 패지 않도록 조심해서 부드럽게 줘야 합니다. 마치 드립커피를 내리는 것처럼요. 수압이 너무 세거나 한꺼번에 너무 많이 주면, 화분의 흙이 패어서 주변에 흙이 다 튀게 되고, 화분 안 흙에 물길이 생길 수도 있습니다. 물길이 생기면, 내가 아무리 열심히 물을 줘도 물이 뿌리 전체에 골고루 닿지 않고 그냥 흘러가 버립니다. 그러면 물을 먹지 못한 뿌리 쪽의 잎은 시들겠죠.

통통하거나 털이 있는 잎, 혹은 꽃은 물이 닿으면 물러지기 쉬우므로 잎이나 꽃을 피해서 흙에 조심히 줘야 하는데, 이런 식물의 경우 대야에 물을 담고 화분의 바닥이 잠기도록 해서 반나절쯤 두는 방법(저면관수)을 사용할 수 있습니다. 다만, 저면관수도 너무 오래 하면 흙이 마를 틈이 없어 과습이 올 수 있으므로 반나절 이상 두는 것은 피합니다.

통풍

환기를 자주 할수록 좋습니다. 특히, 물 주고 난 직후라면 환기를 더 많이 해야 하는데, 흙이 축축한 상태로 오래가면 뿌리가 썩을 수도 있기 때문입니다. 적절한 환기는 식물의 호흡과 광합성에 꼭 필요합니다. 베란다가 있는 아파트라면, 바깥 창은 폭풍우가 몰아치지 않는 한, 열어두는 것이 좋습니다. 황사가 들어오는 게 싫다거나 베란다 확장형이라 계속 열어두기 어렵다면, 또 다른 아이템이 있습니다. 서큘레이터입니다. 집에 있는 선풍기를 사용하셔도 괜찮습니다. 서큘레이터가 이름처럼 공기 순환에 초점을 맞춘 거라, 선풍기보다는 좀 더 유리합니다. 선풍기를 사용하신다면 식물 근처에서 사용하시되, 식물에 직접 닿지는 않도록 조심합니다. 바람의 세기도 너무 세면 오히려 잎의 호흡(증산작용)에 방해가 됩니다. 우리도 센 바람을 맞으면 숨쉬기가 어렵잖아요? 그러니 살랑살랑 바람이 느껴지는 정도로, 공기를 순환시켜 준다는 느낌으로 하면 됩니다.

천장형 선풍기인 실링팬(Ceilign fan)도 좋은 통풍 방법입니다. 선풍기처럼 한 방향에 집중적인 공기의 흐름을 만들어 내는 것이 아니라, 커다란 날개로 실내 전체에 커다란 공기의 흐름을 만들어낼 수 있습니다. 정체된 공간에서는 공기의 순환을 주고, 환기되는 공간에서는 신선한 실외 공기를 끌어들여 내부의 냄새나 연기를 내보낼 수 있습니다. 요즘 나오는 실링팬은 양방향 회전이 가능하여 여름철에는 시계방향으로 회전하며 바닥에 깔린 시원한 공기를 위로 올려주고, 겨울철에는 반시계 방향으로 사용해 위에 있는 더운 공기를 아래로 내려주면서 냉난방 효율을 높이는 효과까지 있습니다.

잎이 너무 빽빽하면 공기의 흐름이 사이사이 들어가기가 어려우니, 잎끼리 겹치는 부분은 잎을 정리해 주시면 도움이 됩니다. 가지치기를 해주면 더 좋겠죠.

뿌리도 통풍이 필요합니다.

화분에 물을 주다 보면 화분 받침대에 물이 가득 고이기 마련입니다. 앞서 물주기 부분에서도 언급했지만, 받침대의 물은 비워주시는 것이 좋습니다. 해충 방지도 있지만, 뿌리의 통풍에도 악영향을 끼치기 때문입니다. 화분 구멍으로 공기가 드나들면서 뿌리도 숨을 쉬고 있다는 것, 잊지 말아 주세요. 매번 물 비우기에 번거롭다면 아예 화분과 받침대 사이에 병뚜껑이나, 나무젓가락을 활용해서 공간을 약간 띄워주시는 것도 아주 좋은 방법입니다.

주기적으로 분갈이(혹은 흙갈이)를 해주시는 것도 뿌리 통풍에 도움이 됩니다. 분갈이 없이 너무 오랫동안 있다 보면 뿌리가 밑으로 뻗어 나가다 화분 바닥에 부딪혀 더 뻗어 나갈 수 없어서 화분 주변을 빙빙 돌면서 자라게 됩니다. 그러면 돌덩이처럼 단단하게 굳어지면서 뿌리 통풍에 좋지 않습니다. 분갈이하면서 상한 뿌리를 정리하고, 단단하게 굳은 뿌리를 풀어서 부드러운 새 흙에 잘 넣어주면, 웬만한 비료보다 더 큰 효과가 있습니다.

하지만 식초보에게 가지치기나 분갈이는 너무 두려운 일입니다. 식초보를 탈출한 후 5-2 식집사 필수관문, 가지치기 · 순따기에서 알려드리겠습니다.

온도·습도·햇빛(계절 관리)

자생지가 동아시아가 아니라면, 우리나라 여름 찜통더위와 한겨울 추위는 식물에게 치명상을 입힐 수 있습니다. 식물의 특성에 따라 계절 관리를 필수적으로 해야 합니다.

잎이 넓고 큰 관엽식물(고무나무, 몬스테라 등)은 열대식물인 경우가 많아서 한겨울의 베란다에 있으면 냉해를 입어 잎이 까맣게 변하고 물러질 수 있습니다. 겨울이 오기 전, 적어도 10월까지는 실내로 들여놔야 합니다. 식물이 급격한 온도 차이를 겪으면 갑자기 잎을 떨어뜨리면서 몸살을 앓을 수도 있으므로 최대한 온도 차이가 크게 나지 않을 시간을 골라서 실내로 들여야 합니다.

가을과 겨울의 실내를 생각해 보면, 사람도 바삭바삭해지는 게 느껴질 정도로 습도가 낮습니다. 열대 관엽식물은 공중 습도가 낮을 때 잎 가장자리가 타는 것처럼 마르는 현상이 발생할 수 있습니다. 건조한 실내에서 관엽식물이나 고사리류를 키운다면, 분무기로 잎에 물을 뿌려줘도 좋고, 근처에 가습기를 두는 것도 좋은 방법입니다.

반대로 잎이 뾰족한 침엽수(가문비나무, 블루버드 등)나 제라늄은 여름이 고비입니다. 한여름이 오면 해가 좀 덜 드는 서늘한 곳으로 옮기고 물을 자주 주지 않도록 합니다. 생존이 힘든 시기에는 생장을 멈추고 휴식에 들어가는데, 이때 물을 많이 먹으면 과습의 위험이 커집니다.

시든 잎 관리, 순 따기

가장 아래에 있는 잎이 말라서 색이 변하는 것을 하엽이라고 하는데, 식물이 자라면서 생기는 자연스러운 현상입니다. 시든 잎은 보기에도 안 좋을 뿐 아니라 병해충이 생기기 쉬운 환경을 제공해 주므로 떼 주는 것이 좋습니다.

▲ 율마 순 따기

커가면서 처음 살 때의 예쁜 모양을 잃고 삐죽삐죽 위로만 자라게 되기도 합니다. 순 따기(순지르기) · 가지치기를 해 줍니다. 식초보들이 어려워하는 것 중의 하나가 이 순 따기지만, 순 따기는 모양을 예쁘게 가꾸는 것 이상으로, 식물을 건강하게 기르는 방법이므로 꼭 해주어야 합니다.

가지의 끝단을 손으로 집어서 뜯어내면(두꺼운 나뭇가지의 경우 알코올 솜으로 날을 닦아 소독한 원예 가위를 사용합니다) Y자 모양으로 두 개의 새순이 돋아납니다. 순이 자라 반복하면 동그랗고 풍성하게 키울 수 있습니다. 율마 같은 경우 특히 순 따기의 효과를 톡톡히 볼 수 있는 식물입니다. 주기적으로 열심히 순 따기를 하면 빽빽하고 윤기 있는 핫도그 모양의 나무를 만들 수 있습니다. 율마를 밑에서 위로 천천히 쓸어올려 보고 잎의 끝을 톡톡 따다 보면, 싱그러운 피톤치드 향에 취해 시간 가는 줄 모르고 따게 될 것입니다.

해충 · 병균 방제

식물을 키우다 보면 많은 해충과 균을 만나게 됩니다. 이를 예방하는 방제 작업은 보이지 않을 때 미리미리 주기적으로 해 주는 게 제일 좋습니다. 발견한 후에라도 금방 대처를 잘하면 식물을 살릴 수 있지만, 타이밍을 조금만 놓치게 되면 호미로 막을 것을 가래로도 못 막는 상황이 생깁니다. 처음 식물을 들였을 때, 계절이 바뀔 때는 반드시 해 줘야 하며, 그 외에도 봄에서 초가을까지는 주기적으로 해 주는 것이 좋습니다.

방제하는 방법으로는 여러 가지가 있는데, 설명서에 적혀있는 용량과 용법을 지켜서 사용해야 효과가 있습니다.

✔ 약을 잎의 앞뒷면에 뿌려주는 방법

원액을 물에 희석해서 분무기로 뿌려주는 타입과, 섞을 필요 없이 바로 사용할 수 있는 스프레이 타입도 있습니다. 진딧물, 깍지벌레, 총채벌레, 응애, 가루이 등 잎에 사는 해충에 사용합니다.

✔ 약을 화분 흙에 붓는 방법

물 줄 때 물 안에 원액을 희석해서 주는 방식으로, 흙 안에 사는 해충을 퇴치할 때 사용합니다. 뿌리파리 유충.

✔ 가루를 화분 흙 위에 뿌리는 방법

대표적으로 코니도가 있습니다. 화분 위에 올려놓으면 약효가 몇 달간 지속되는데, 물을 주면서 약에 닿아 약 성분이 천천히 뿌리로 흡수됩니다.

진딧물, 뿌리파리에 효과가 있습니다.

처음부터 이것저것 살 필요는 없습니다. 여러 해충에 듣는 친환경 약을 사놓고 잎과 흙에 주기적으로 뿌려보고, 나중에 해충을 발견했을 때 해당 해충에 잘 듣는 약을 따로 구매하는 것을 추천합니다. 만약 화분을 여러 개 키우는데 한 화분에서 해충·병균을 발견했다면 즉시 원인 화분을 격리하고, 번졌을 수도 있으니 주변 화분도 꼼꼼히 살펴봅니다.

잎에 약을 뿌린 후에는 하루쯤 지난 뒤에 잎을 샤워기로 씻어주는 것이 좋습니다. 약제와 죽은 벌레들을 깨끗이 씻어내면 광합성에도 좋고, 죽지 않은 벌레들을 떨어뜨려 개체 수를 줄일 수 있어 방제 효과가 있습니다. 반려동물이 있어 약을 쓰는 것이 꺼려진다면 주기적으로 잎 샤워만 해도 도움이 됩니다(단, 잎이 물에 닿는 것을 싫어하는 식물은 제외). 천연성분으로 만든 약도 있으니, 살충제라고 해서 너무 두려워하지 않았으면 합니다.

인터넷에 직접 만드는 천연 살충제에 대한 정보도 많이 있지만(난황유 등), 이것은 초보 식집사에게 별로 권하지 않습니다. 부정확한 정보도 많이 있고, 제조, 사용, 보관 등에 대해 경험이 없는 상태에서 잘못 사용하게 되면 역효과가 나기 쉽습니다.

균의 경우, 해충과는 또 다른 문제입니다. 해충 약으로 균을 방제할 수는 없습니다. 주로 고온·다습할 때 자주 발생하며. 집에서 키우는 식물에 가장 많이 나타나는 균은 흰가루병이라 불리는 곰팡이입니다. 장미 · 수국에 자주 발생하며, 가장 좋은 방제 방법은 통풍입니다. 만약 잎에 밀 가루같이 하얀 가루가 묻어있다면, 가루가 날리지 않도록 조심해서 잎을 제거해 주세요, 그 후 균 전용 약을 잎에 뿌려주고, 하루 뒤 씻어냅니다. 통풍이 잘되는 곳으로 식물을 옮겨주는 것이 도움이 됩니다.

비료 주기[시비]

비료는 잘 쓰면 도움이 되지만, 초보 식집사에게 권하지 않습니다. 잘못 쓰면 안 주느니만 못하기 때문입니다. 비료를 잘못 줘서 식물이 죽는 경우도 드물지 않게 발생하게 됩니다. 비료를 꼭 주고 싶다면, 식물이 아플 때 주는 것이 아니라, 양분을 많이 필요로 하는 시기에 줘야 한다는 것을 꼭 기억합니다.

비료는 두 가지 종류를 보통 사용하는데요, 화원에서 흔히 파는 노랑 · 초록색의 알비료는 물을 줄 때마다 조금씩 천천히 비료 성분이 뿌리에 닿는 완효성 비료입니다. 뿌리 근처를 피해서 화분 흙 위에 올려주면 효과가 5~6개월은 지속되므로, 더위에 잘 견디는 식물은 3월쯤 한번, 더위에 약한 식물이라면 좀 더 빨리 주거나 아예 더위가 지난 뒤 가을에 주는 것이 좋습니다. 액체로 된 비료의 경우(식집사들 사이에서는 액비라고 많이 부릅니다) 효과가 빠른 대신 단발성입니다. 그래서 보통 알비료를 일 년에 한두 번 정도(봄 · 가을) 올려주고, 새순이 많이 나는 시기나, 꽃망울이 맺히는 시점에 액비를 희석해서 흙에 부어줍니다. 희석한 액비를 잎에 직접 분무해 주는 방법도 있는데요(엽면시비), 농사짓는 것이 아니라면 흙에 부어주는 정도로도 충분합니다.

물 샤워

물 샤워는 이 책에서 여러 번 다루었습니다. 그만큼 중요한 작업이죠. 집에서 식물을 키워보면 의외로 잎에 먼지가 많이 쌓입니다. 특히 먼지가 많은 봄철에는 잠깐만 창문을 열어도 미세먼지나 황사가 쌓여 잎이 뿌옇게 변해버리기도 합니다. 당연히 광합성, 호흡에 좋지 않겠죠. 또, 해충들은 먼지만큼 작아서 잘 보이지 않습니다. 눈에 띌 정도라면 이미 손쓰기 어려울 만큼 번진 후일 수도 있습니다. 약을 치는 것보다 가끔 물 샤워를 시켜주는 것이 더 방제 효과가 좋습니다. 꽃이 피어 있는 상태가 아니라면, 생각보다 센 수압으로 샤워 시켜도 괜찮습니다. 단, 호스에서 나오는 굵은 물줄기보다는 샤워기에서 나오는 가는 물줄기로 이용합니다.

집을 오래 비울 때

식집사들은 집을 비울 때 고민이 많습니다. 집을 비운 동안에 물이 마르면 어쩌지? 통풍은 어쩌지? 생각할 것이 한두 가지가 아니에요.

✔ 3~4일 정도 집을 비울 때 : 잎이 두꺼운 식물은 집을 비우기 전 한 번 듬뿍 물을 주는 것으로도 충분합니다. 화초류나, 잎이 얇은 식물이거

나, 혹은 물을 많이 필요로 할 때라면(더운 날씨이거나, 봄·가을 생장 시기일 때) 저면관수를 추천합니다. 깊이가 있는 대야, 스티로폼 박스 등에 화분을 넣고, 화분이 충분히 잠기도록 물을 넣어줍니다. 하루 이틀 정도라면 화분 물 받침대에 물을 가득 넣어주셔도 괜찮습니다. 베란다가 있다면 창문을 살짝만이라도 열어주시는 것이 좋습니다. 통풍이 전혀 되지 않는다면 며칠 사이라도 병충해가 생길 수 있습니다. 시간 조절이 되는 서큘레이터가 있다면 약한 바람을 쐬어 줍니다.

✔ 5일 이상 집을 비울 때 : 저면관수를 더 큰 통에 하면 되지 않을까 생각하실 수도 있겠지만, 물이 일주일 이상 고여있으면 세균번식의 문제가 있을 수 있어 권하지 않습니다. 주변 지인에게 물시중 부탁을 하는 것이 가장 좋겠지만 여의찮다면, 돈을 조금 들여 자동급수 시스템을 만들어두는 것도 방법입니다. 온라인 쇼핑몰에 자동급수로 검색하면 다양한 상품이 있어 편하게 구매할 수 있습니다. 그중 물통에 체결해서 화분에 거꾸로 꽂아두는 타입은 5일 이상 물을 주기 힘든 경우가 대부분이며 상품에 따라 물의 양을 조절하기 힘든 경우도 많이 있으므로, 그보다는 점적관수를 할 수 있는 상품(호스로 물을 끌어 올려 물방울을 똑똑 떨어지게 하는 관수 방법)을 추천합니다. 요즈음은 가정용 제품으로 가격도 2~3만 원 선에서 해결할 수 있는 제품들도 다양하게 나와 있습니다.

한겨울은 물 주기가 길어져서 베란다에 있다면 5일 정도는 큰 무리가 없습니다. 일주일 일상일 때 사용하세요.

식초보의 사계절

식물을 키우는 장소의 온도·습도에 따라 계절이 조금씩 차이가 있을 수 있습니다. 내 식물의 상태를 세심하게 보시면, 계절의 변화를 눈치챌 수 있어요. 계절에 맞게 필요한 것을 잘 챙겨주신다면, 식물은 보답하듯 건강히 자란답니다.

여름
아레카야자
몬스테라
고무나무
셀렘

가을
남천
아글라오네마
황칠나무
휴케라

봄
미스킴 라일락
산세베리아
파키라 페페
스투키
제라늄

겨울
개운죽
만냥금
게발선인장
동백
스파티필름

봄

아직 봄이 오려면 한참 남은 것 같은 추운 날씨에도, 식물은 봄이 오는 것을 어떻게 알고 약속이라도 한 듯 너도나도 새순을 냅니다. 겨우내 식물에게 발길이 뜸했던 식집사에게 봄이 왔음을 알려주는 신호죠. 식집사에게 봄은 더욱 특별합니다. 죽었는지 살았는지 모를 앙상한 나뭇가지에서 반짝이는 노랑 연둣빛 새순이 빼꼼 나오면 아기를 보는 것처럼 마음이 몽글몽글해집니다. 이때 죽은 나뭇가지와 잎들을 정리해 주고, 물시중을 더 세심히 해야 합니다. 봄에 튼튼히 자라야 힘든 여름을 잘 이겨낼 수 있습니다. 완효성 비료를 화분 위에 조금 얹어주고, 액비(액상 비료)를 물에 타서 주시는 것도 도움이 됩니다.

'봄의 축복', '봄 버프'를 받으면 식초보도 식집사가 될 수 있습니다. 별것 하지 않아도 식물은 계속 잎을 새로 내고, 곧 예쁜 꽃을 보여주기도 하거든요. 봄에 걸맞은 예쁜 꽃 화분 키워보기를 추천해 드립니다. 꽉 막힌 도로에서 시간을 보내지 않아도, 인파에 치여서 고생하지 않아도 봄 꽃놀이를 우리 집에서 할 수 있습니다. 베란다 문만 열면 갖가지 꽃향기가 들어와 식집사를 황홀하게 만듭니다.

짧은 봄의 축제를 즐길 때입니다.

꽃이 피어있을 때는 연약한 꽃잎이 다치지 않도록 물 샤워는 조심히 하거나 잠깐 안 해도 됩니다. 꽃 전용 액비를 물에 타서 주셔도 좋습니다. 물을 말리지 않도록 주의하세요. 물이 마르면 잎보다 더 예민하게 반응하거든요. 예쁜 꽃이 한순간에 후드득 떨어집니다. 꽃이 시들면 아까워도 바로 따주는 것이 좋습니다. 시든 꽃잎이 화분 흙에 떨어져 부패할 수도 있고, 빨리 따줘야 다음 꽃을 올리기 때문입니다.

✔ 식초보 봄 추천식물 : 미스김 라일락

봄에 길을 걷다가 문득 '이게 무슨 향이지?' 하고 발걸음을 멈추고 주위를 둘러보면 찾을 수 있는 꽃 중 하나가 바로 '라일락'입니다. 연보랏빛 꽃을 좀 더 가까이 들여다보면, 옹기종기 모여있는 귀여운 꽃을 볼 수 있습니다. 화단에 있는 라일락은 나무의 크기가 성인 키보다 큰 경우가 많습니다. '미스김 라일락'은 베란다에서 화분에 심어 키울 수 있는 라일락 품종입니다. 식집사들 사이에서는 '김양'이라는 애칭으로 부르기도 하죠.

이름에서 알 수 있듯, 출신지가 우리나라입니다. 미국 식물 채집가인 엘윈 M.미더(Elwin M. Meader)가 도봉산에서 자라고 있던 털개회나무의 종자를 채취하여 미국으로 가져가 개량한 식물입니다. 당시 식물자료 정리를 도와줬던 한국인 타이피스트의 성을 따서 Miss Kim Lilac, 이라는 이름을 붙였다고 합니다. 자생지가 우리나라인 만큼, 베란다 월동이 가능하고, 무더운 여름도 곧잘 견뎌내서 초보 식집사가 키우기 좋습니다.

키우기 쉬운 식물이라 해도 기본적으로 꽃나무들은 햇빛을 많이 필요로 합니다. 최대한 빛을 많이 받을 수 있는 곳에서 키우는 것이 좋습니다.

여름

새순이 돋아난 지 얼마 안 된 것 같은데, 여름은 빨리 찾아옵니다. 기온이 올라가면서 물이 빨리 말라 하루에 한 번 이상 물을 주어야 할 때도 있죠. 이때 잎이 쳐지는 신호를 잠깐만 놓치면 잎이 갑자기 마르면서 떨어집니다. 심하지 않다면 곧 새잎을 내겠지만, 심하게 마르면 뿌리가 마르면서 돌이킬 수 없으니, 자주 식물의 상태를 살펴줘야 합니다.

장마가 오면 습도가 높아지면서, 관수 주기가 다시 길어집니다. 관상용으로 기르는 식물들은 자생지가 우리나라가 아닌 경우가 많은데, 이런 식물들은 우리나라의 장마를 아주 힘들어합니다. 특히 지중해나 호주, 사막 출신의 식물들에게 더욱 그렇습니다. 이 지역의 기후를 생각해 보면 여름이 몹시 덥고 건조하죠. 한국의 여름 습도는 치명적입니다. 환기에 더욱 신경 써주셔야 합니다. 환기가 제대로 되지 않으면 병해충(특히 흰가루병 같은 균) 피해를 보기 쉽습니다. 비가 들이칠 때는 잠시 베란다 문을 닫았다가 그치면 열어주고, 서큘레이터 도움을 받는 것이 좋습니다.

열대우림 출신의 식물이라면 얘기가 달라집니다. 잠깐 사이 몰라보게 자라있을 수도 있습니다. '제철'을 맞은 식물을 마음껏 감상할 수 있습니다.

장마가 끝나고 본격적으로 태양이 작열하는 시기가 되어 너무 더워지면, 식물도 생장을 멈추고 생존모드가 됩니다. 모든 활동을 멈추다시피 하니 물도 거의 먹지 않죠. 날이 더우니 물을 많이 주어야 할 것 같아서 과도하게 주면, 뿌리가 녹을 수 있습니다. 물보다도 휴식이 더 필요한 시기입니다. 특히 남향 베란다에서 키운다면 블라인드로 빛을 살짝 가려줍니다. 식물을 해가 덜 드는 곳으로 옮기는 것도 좋은 방법입니다. 물을 줄 때는 화분 흙이 얼마나 말랐는지 꼭 확인한 후에 주어야 하며, 물 주는 시간도 너무 더울 때 말고 아침 일찍이나 저녁 늦게 주는 것이 더 좋습니다. 잎 샤워도 해가 쨍쨍할 때는 피해야 합니다. 물방울이 볼록렌즈가 되어 햇빛을 모아 잎이 탈 수도 있습니다.

✔ 식초보 여름 추천 식물 : 아레카야자

여름은 관엽식물의 계절입니다. 대부분 열대지방 출신이기 때문에 덥고 습한 날씨를 좋아하기 때문이죠. 그중에서도 아레카야자를 추천합니다.

아레카야자는 대표적인 공기정화식물이기도 하지만, 햇빛이 적은 거실 안쪽에서도 잘 자라고 물 주기에 예민하지 않아 식초보가 키우기 좋습니다. 창가에 구애받지 않고 원하는 곳에 배치하여 이국적인 느낌의 플랜테리어를 할 수도 있습니다.

대체로 까다롭지 않아 식초보가 키우기 좋은 식물이지만 신경 써줘야 할 것이 있다면, 공중습도와 통풍입니다. 공중습도가 너무 낮으면 잎끝이 갈라지거나 노란 반점이 생기기도 합니다. 잎이 촘촘하게 나는 편이라 통풍이 원활하지 않으면 깍지벌레가 생길 위험도 있습니다. 가끔 잎 주변에 분무기로 공중습도를 높여주고, 환기를 자주 시켜주는 정도의 관리면 충분합니다.

가을

못 견딜 것 같은 무더위가 참을 만 해지면, 여름 내내 힘없이 축 처져 있던 잎이 어느 순간 생기를 찾고 새순이 다시 한번 돌아나기 시작합니다. 한숨 돌리는 가을입니다. 아침저녁으로는 선선하지만, 낮에는 여전히 덥습니다. 무더위가 지나간 것 같아도, 여름 때와 같이 더운 낮에 물 주기는 피해야 합니다.

가을에 꽃을 피우는 식물도 많이 있습니다. 국화류가 대표적이죠. 가을이 시작되면 잎에 동그란 꽃망울이 맺히는데, 이때가 비료를 줄 때입니다. 국화류는 바람이 꼭 필요한 식물입니다. 통풍에 신경을 써주시면 파란 하늘 배경으로 흔들리는 국화를 감상하실 수 있습니다.

월동이 어려운 식물이 있다면(열대식물) 기온이 10도 이하로 내려가기 전에 실내로 옮깁니다. 따뜻한 낮에 옮겨서 온도 차를 최소화해 주시는 것이 좋습니다.

남천은 정원이나 공원에서 흔히 볼 수 있는 관상수이지만, 화분에 심어 키우면 베란다에서 계절을 느낄 수 있는 매력적인 식물입니다. 가느다란 가지에 가녀린 잎이 풍성하게 자란 모습은 흡사 작은 대나무 같기도 합니다. 동아시아 지역에 넓게 분포해 있는 만큼, 한국의 식초보들이 키우기 쉬운 관엽식물입니다. 가을이 되면 초록색이던 잎이 붉게 물들고 작고 빨간 열매가 열리는데, 화려하기도 하고 애처롭기도 한 동양의 미를 느낄 수 있습니다.

홈그라운드의 이점을 가지고 있는 만큼, 계절이 바뀐다고 해서 특별히 신경 써줘야 할 것도 없는 식물입니다. 다만, 이 식물은 뿌리의 번식이 매우 강해서 화분은 좀 크게 쓰는 편이 좋습니다. 넓은 화분보다는 깊은 화분이 더 좋겠습니다.

어디서나 볼 수 있는 남천 말고 특별한 것을 찾는다면, 조금 더 특이한 식물인 아글라오네마를 추천합니다.

동남아시아 원산지이며, 잎에 은색, 붉은색 등의 여러 색과 무늬가 있어 아름다운 자태를 뽐내는 식물입니다. 붉은 잎에 가을 햇빛이 드리워진 모습 하나면, 공들이지 않아도 멋진 가을 플랜테리어를 완성할 수 있습니다.

동남아시아 원산지인 식물로, 적정 생육 온도가 18~25도 정도로 따뜻한 것을 좋아하는 식물입니다. 가을에 이 식물을 들인다면 실내에서 키워야 합니다. 과습을 싫어하니 겉흙이 완전히 말랐을 때 물을 주어야 하며, 배수가 잘되는 흙을 사용하는 것이 좋습니다.

겨울

가을은 봄보다 더 빨리 지나가 버리고, 곧 날이 추워집니다. 잠시 생기를 찾은 잎이 시들해집니다. 심지어 잎이 마르면서 후드득 떨어지는 식물도 있습니다. 죽은 것이 아니니 너무 놀라지 마세요. 자연스러운 현상이니까요. 한겨울의 극한 상황에서도 한여름과 같이 식물은 생장을 멈춥니다. 잎을 다 떨어뜨려 광합성 활동도 최소화하죠. 자연히 물 주기도 길어집니다. 겨울에 물을 줘야 할 때는 낮에 주는 것이 좋습니다. 밤에 물을 주면, 새벽에 기온이 내려가면서 물이 얼어 식물이 냉해를 입을 수 있습니다.

식물이 영하의 온도에 장시간 노출되면, 월동이 가능한 식물이라도 피해가 있을 수 있습니다. '뽁뽁이'라고 많이 불리는 에어캡 포장 비닐을 화분에 감싸주어 외투를 입혀주세요. 물구멍까지 포장하면 물 줄 때 방해가 되니, 옆면만 감싸주셔도 충분합니다. '일일이 외투를 입히느니 그냥 집 안으로 들이면 되지 않나?' 생각하실 수 있지만, 겨울철 실내는 너무 건조하고 햇빛도 모자라서 또 별도의 관리가 필요합니다. 추위에 너무 약한 식물이 아니라면, 평소 살던 곳에서 옷만 입고 있는 것이 더 나을 수도 있습니다. 냉해를 입어 잎이 까맣게 되었다면 좀 더 따뜻한 곳으로 옮겨주세요. 베란다라면 바깥쪽 벽면에서 거실 쪽 벽으로 옮겨주는 것도 도움이 됩니다.

　겨울을 날 준비가 끝나면, 이후에는 적당한 무관심이 필요한지도 모르겠습니다. 식물이 겨울잠을 자는 동안 식집사도 식물도 내년 봄을 기약하며 푹 쉽니다. 가끔 떨어진 잎을 치우면서 생사를 확인하는 정도면 충분합니다. 가지만 앙상해진 채로 추운 겨울을 나고 나면, 어느새 새잎을 낼 준비를 하는 화분을 발견하게 될 것입니다.

∨ 겨울 추천식물 : 스파티필룸(스파티필름)_수경재배

　추워서 난방을 하면 건조해지고, 건조해지니 난방을 끄면 또 추워지는 얄궂은 날씨입니다. 이럴 때 정말 좋은 것이 실내 수경재배입니다. 집에 생기를 불어넣어 줄 수 있고, 수경재배로 가습 효과까지 얻을 수 있습니다.

　스파티필룸은 키우기 쉬운 식물을 검색하면 꼭 나오는 식물입니다. 죽이기가 더 어렵다는 말도 있죠. 그만큼 생명력이 강한 식물입니다. 아프리카와 동남아시아가 원산지인 상록 다년생 식물로, 실내에서도 잘 자랍니다. 잎도 예쁘지만, 카라와 비슷한 느낌의 순백색 꽃이 참 아름답습니다. 심지어 20도 정도의 온도를 잘 맞추면 사계절 내내 꽃을 피우기도 합니다.

수경재배를 할 때는 뿌리를 깨끗이 씻고 화병에 물을 담은 뒤 꽂아놓기만 하면 되는데, 밝은 곳에 둔다면 불투명, 어두운 곳이라면 투명 화병을 써도 괜찮습니다. 물은 스파티필름의 뿌리 시작점 아래 2cm 정도까지만 주면 됩니다. 줄기에 물이 닿으면 썩을 수 있으니 주의해야 합니다. 처음에는 뿌리에서 흙이 많이 나와서 물이 금방 탁해지니, 최소 일주일은 매일 물을 갈아주시는 것이 좋습니다. 그 이후로는 매일 갈아줄 필요는 없고, 물이 탁해지면 갈아주면 됩니다(적어도 일주일에 한 번은 갈아주세요). 물속에서 뿌리가 적응할 때까지 시간이 조금 걸릴 수도 있습니다. 그 사이에 뿌리가 중간중간 까맣게 변하면서 물러지는 경우가 있는데, 바로 제거를 해줘야 나머지 건강한 뿌리도 썩지 않습니다.

천남성과 식물에는 독성이 있습니다. 잎과 줄기를 자를 때는 꼭 장갑을 끼고 합니다. 그리고 반려동물이 먹지 않도록 주의해야 합니다.

개운죽도 겨울철 실내에서 수경으로 키우기 좋은 식물입니다. 행운을 부르는 식물로 여겨 개업이나 이사 선물로도 사랑받는 이 식물은 모양도 이름도 대나무 같지만, 사실은 백합과의 관엽입니다. 아열대성 식물로 13도 이상의 온도 조건만 맞추면 어떤 환경에서도 무난히 잘 자라는 편이라 초보자가 실내에서 키우기 쉽습니다. 물은 뿌리 바로 윗마디가 다 잠기지 않을 정도로 주고, 일주일에 한 번 정도 미리 받아 두어 염소를 날린 수돗물로 갈아 주면 좋습니다. 여러 대를 투명한 화병에 빽빽하게 꽂아 두어도 예쁘고, 큰 화병에 수정토(컬러소일, 워터비즈 등)를 흙

삼아 개운죽을 고정해 심으면 멋진 인테리어 소품이 됩니다. 개운죽 화분에 구피 등 열대어를 넣고 함께 키우기도 한다고 하니, 여러모로 활용도가 높은 화분이라고 할 수 있겠습니다.

04

식초보 Q&A! 식물이 이상해요!
뭐가 문제일까요?

우리 집에 온 식물이 죽지 않고 잘 커가는 것을 보면 이제 식물 킬러를 탈출했다고 생각하실지도 모르겠습니다. 하지만 방심하지 마세요. 가끔 갑자기 식물이 이상해질 때가 있거든요. 멀쩡하던 식물이 왜 갑자기 이상해진 것일까요? 놔두었다가는 그대로 초록별로 떠나버릴지도 모릅니다. 평소에 식물을 잘 관찰하고 식물이 보내는 사인을 읽어주세요.

멀쩡하던 식물의 잎이 갑자기 시들면 식집사는 '내가 뭘 잘못했나?' 하는 생각에 마음이 철렁 내려앉습니다. 하지만 시든 잎이 아래쪽 잎이라면 안심해도 됩니다. '하엽지다'라고 표현하는데, 잎의 노화로 인한 자연스러운 현상입니다. 화분에서 키우는 식물이라면 더 자주 발생합니다. 화분이라는 한정된 공간 안에서 키우게 되면 뿌리도 커지는 데 한계가 있고, 흙에 담긴 영양분도 한정적이기 때문입니다. 새잎을 내면 오래된 잎을 탈락시키면서 성장을 조절하고, 오래된 잎을 새잎으로 교체하는 거죠.

하엽은 큰 문제 될 것이 없지만, 하엽이 평소에 비해 자주 나타나고, 위쪽 잎까지 차례로 계속 떨어진다면, 화분의 상태를 한 번 확인 할 필요는 있습니다. 분갈이한 지 오래된 화분이거나 화원에서 얇은 플라스틱 화분을 구매한 뒤 분갈이를 하지 않았다면, 화분 흙이 영양분이 없는 상태이거나 뿌리가 화분에 꽉 찼다는 신호일 수 있습니다. 화분에서 한번 식물을 빼보세요. 화분의 흙은 보이지 않고, 뿌리가 화분 모양대로 똬리를 틀고 있다면, 분갈이해야 합니다. 분갈이는 다음 장에 자세히 다루겠습니다.

정말 이상이 있어 잎이 떨어지는 경우는, 다양한 원인이 있지만, 결과적으로 뿌리가 다쳤을 때가 대부분입니다.

대표적인 원인에 대해서만 나열해 보면, 물마름 · 과습 · 분갈이 직후 · 병충해 · 온도 · 습도입니다. 시든 잎이라는 결과만 봐서는 그 원인이 무엇인지 식초보는 구별해 내기가 어렵습니다. 이상 신호가 나타나기 전후 상황에 따라 추론해 보는 것이 더 나은 방법입니다. 평소보다 관수 주기가 너무 길었다거나 흙 상태를 봐서 너무 바싹 말라 있다면 물을 충분히 준 후에 며칠 지켜봐야 하는데, 심하지 않은 경우는 이 정도만 해도 곧 새 순을 내며 생기를 되찾습니다. 그러나 너무 물을 말려서 뿌리가 많이 다쳤다면, 새 뿌리를 내면서 회복하는데 시간이 좀 더 걸리고, 뿌리가 다친 만큼 잎을 더 떨어뜨립니다. 이때 주의할 점은 '내가 물을 덜 줘서 안 좋아졌나?'라는 마음에 그동안 못 준 물까지 축축한 흙에 더 주면 안 된다는 것입니다. 이미 말라버려 물을 끌어 올리는 힘이 떨어진 뿌리가 다시 과습으로 물러져 뿌리의 기능을 잃게 되므로, 한번 충분히 물을 준 뒤 흙이 마를 때까지 기다려줍니다.

물 마름이 아니라 반대로 흙이 축축한 상태인데 시들시들하면 과습일 확률이 높으니, 통풍을 충분히 시켜줘야 합니다. 과습일 때는 물 마름에 비해 잎이 더 까맣게 보이는 경향이 있습니다. 잎 색깔을 체크하는 것도 과습을 판단하는 데 도움이 됩니다. 뿌리가 다치지 않게 흙 표면을 좀 뒤적거려놓으면 흙을 말리는 데 도움이 됩니다. 흙의 배수가 좋지 못해 과습이 반복된다면 분갈이를 다시 할 수도 있지만, 주의해서 하지 않으면 분갈이 몸살까지 겹쳐 죽을 수도 있으므로 여러 시도를 해 봐도 효과가 없을 때 마지막으로 해야 할 극약처방입니다.

과습이든 물마름이든 식물에 이상이 생기면 꼭 화분 주변에 해충이 있는지 살펴봐야 합니다. 해충으로 인해 뿌리가 다쳤을 수도 있기 때문입니다(있다면 다음의 4-2를 참조해서 해충방제 작업을 해주세요.). 이도 저도 아니라면 식물이 있던 곳의 온도 · 습도를 체크합니다. 내 식물이 좋아하는 온도 · 습도와 비교해서 너무 차이가 나면, 식물이 좋아하는 환경으로 바꿔보는 것도 좋은 방법입니다.

한번 상한 잎은 아무리 적절한 조치를 하더라도 다시 돌아오지 않습니다. 의미 없는 상한 잎을 달고 있는 것 또한 식물의 회복에 좋지 않은 영향을 끼칩니다. 혹시 돌아오지 않을까 하는 기대나 자르기 아깝다고 생각을 하지 말고 과감히 상한 부분을 정리합니다. 손으로 떼어내거나, 알코올 솜으로 날을 닦아 소독한 가위로 잘라주면 됩니다. 소독하지 않은 가위는 절단면을 감염시킬 수 있습니다.

4-2 잎(가지)에 뭔가 있어요!

언제부터인가 잎이 좀 생기가 없다 싶었는데, 자세히 들여다보면 무언가 이상한 것이 눈에 띌 때가 있습니다. 너무 작고 미미한 변화라 처음에는 먼지나 이물질이 아닐까 대충 넘길 수도 있지만, 병충해의 종류는 생각보다 많고 그 피해는 크며, 늦게 발견할수록 대처가 어려워지기 때문에, 대표적인 병충해 몇 가지라도 미리 알고 계시면 좋겠습니다.

해충은 생기기 전에 방제하는 것이 가장 중요합니다. 해충을 발견하고 난 후의 대처법을 알려드리겠습니다.

진딧물[난이도 ☆☆]

따뜻하고 건조한 환경을 좋아하며 식물의 줄기나 잎 뒷면에 붙어 진액을 빨아먹고 사는 해충입니다. 민트같은 허브류나, 달고 연한 식물들을 좋아해서 베란다 텃밭을 꿈꾼다면 반드시 조심해야 할 해충입니다. 진액을 빨아먹는 것만 해도 식물에게 피해를 주지만, 배설물이 기공에 붙어 식물의 호흡을 방해하기도 합니다. 다른 해충에 비해 그나마 다루기 쉽지만, 무성생식이 가능할 정도로 번식력이 좋습니다. 아차 하는 사이에 식물이 돌이킬 수 없는 피해를 볼 수 있으니, 발견 즉시 조치해야 합니다. 꽃집, 다이소, 혹은 인터넷에서 쉽게 구할 수 있는 뿌리는 친환경 살충제를 사서 2~3일 간격으로 꼼꼼히 계속 분무해 주는 것만으로도 큰 효과를 볼 수 있습니다. 어느 정도 수가 줄어든다 싶을 때 물 샤워를 한 번 해주면서 해충(혹은 사체)을 씻어내 줍니다. 이 작업을 해충이 보이지 않을 때까지 반복해야 합니다. 중간에 멈추면 말짱 도루묵이 됩니다.

뿌리파리[난이도 ☆☆☆]

갑자기 화분 주변에서 날파리가 보인다? 화분 주변에 음식물쓰레기가 있는 것이 아니라면 바로 화분 흙을 의심해 봐야 합니다. 화분 흙 근처에서 술 취한 것처럼 정신없이 비틀거리며 날아다니는 날파리는 99% 뿌리파리입니다.

뿌리파리는 날아다니는 성충보다 유충 때문에 피해가 큽니다. 유충이 흙 속에서 뿌리를 갉아 먹고 자라기 때문입니다. 이 유충이 계속 생기는 것을 막기 위해 성충도 반드시 함께 잡아야 합니다. 성충은 화분 흙에 노란 끈끈이를 꽂아서 잡거나 가정에서 흔히 쓰는 모기 잡는 스프레이 타입 살충제로도 잡을 수 있습니다. 성충을 다 잡았다고 안심할 수 없습니다. 알로 4일, 유충으로 14일, 번데기로 4일을 흙 속에 있기 때문에 지금 눈에 보이는 성충을 다 잡아도 또 나타날 수 있습니다.

유충은 흙 속에 있는 만큼 성충처럼 물리적으로 잡기가 어렵고 살충제를 물에 희석해서 주어야 합니다. 인터넷에서 쉽게 구할 수 있는 친환경 살충제로 잡히지 않는다면, 약국에서 구할 수 있는 소독용 과산화수소를 희석해서 관수해 줍니다. 과산화수소의 산화 작용으로 유충을 녹일 수 있습니다. 너무 고용량으로 주면 식물에게 피해가 갈 수 있으니 10:1 비율 (물 500ml 기준으로 50ml, 약병, 주사기, 스포이트로 계량)로 한번 시도해서 식물에 무리가 가지 않는지 관찰합니다. 2주 후에도 뿌리파리 성충이 줄어들지 않으면 물 500ml에 과산화수소 7~80ml 정도로 농도를 조금 더 높여서 한 번 더 시도합니다.

그래도 효과가 없다면 최후의 수단으로 농약을 이용할 수 있습니다. 가정에서 농약을 사용하려니 꺼림칙한 마음이 들 수 있습니다. 다루어 본 적이 없다면 어디서 사야 하는지도 막막하죠. 지도에서 농약사를 검색해서 가까운 곳을 찾아보시거나, 큰 화훼단지에 가면 농약사가 있습니다. 사장님께 어떤 해충에 필요한 약을 달라고 하면 해당 약을 추천해 주십니다. 어떤 해충인지 확신이 없다면 식물의 상태를 찍어서 보여드리면 좀 더 적합한 약을 받을 수 있습니다. 식집사들은 보통 살충제(빅카드)를 많이 사용하지만, 꼭 그 제품을 사용해야 하는 것은 아닙니다. 사용하실 때는 꼭 환기를 잘 시키고, 마스크와 장갑을 착용한 후 용량에 맞게 계량하여 물에 희석한 다음 사용합니다.

뿌리파리는 보통 따뜻하고 습한 흙에 알을 낳기 때문에, 물을 좋아하는 식물이라면 뿌리파리가 생기기 쉬우니 화분 흙을 잘 살핍니다. 관수 주기를 잘 알고 있는 화분이라면 왕겨나 마사로 화분 흙 위를 살짝 덮어줘도 좋습니다. 흙 표면이 축축하지 않도록 해서 뿌리파리가 알 낳기 불편한 환경으로 바꾸는 역할을 합니다.

깍지벌레(난이도 ☆☆)

깍지벌레도 종류가 여러 가지가 있습니다. 대표적으로 연갈색의 반질반질한 껍질을 가진 개각충과, 하얗고 작은 솜뭉치처럼 생긴 가루깍지벌레가

▲ 깍지벌레

있습니다. 즙이 풍부한 두꺼운 관엽식물이나 다육식물을 좋아하며, 건조하고 통풍이 부족한 실내에서 잘 생깁니다.

잎을 닦아줄 때나 물 샤워를 시킬 때 잎 표면이 끈적한 것이 묻어있다면 잎 앞 뒷면의 잎맥 근처를 꼼꼼히 살펴봅니다. 연갈색의 딱지(혹은 솜뭉치)가 보인다면 깍지벌레가 맞습니다. 개각충은 전복처럼 딱 달라붙어 있고 등껍질을 가진 해충이라 뿌리는 약에 효과가 별로 없습니다. 대신에 움직임이 거의 없어서 많이 퍼진 것이 아니라면 물티슈로 잎을 닦아주며 떨어뜨리는 것만으로도 충분히 효과를 볼 수 있습니다. 잘 떨어지지 않는다면 바늘로 살짝 찔러준 뒤 며칠 뒤에 닦아내시면 잘 떨어집니다. 너무 많이 붙은 잎은 잘라냅니다. 잎만 봐서는 안 되고, 줄기에서 잎이 돋아난 부분에도 잘 살펴야 합니다. 닦아내는 것이 좀 귀찮아서 그렇지 시간만 들이면 쉽게 대처할 수 있는 해충이니 너무 무서워하지 마세요.

총채벌레[난이도 ☆☆☆☆]

▲ 총채흔적

잎의 색이 옅어지고 까만 점이 먼지처럼 많이 붙어있는 것을 보신다면, 총채벌레를 의심해 볼 수 있습니다. 까만 점은 총채벌레의 배설물 흔적입니다.

총채벌레도 여러 종류가 있어 색깔은 주황색 혹은 검은색 등 다양하지만 주로 얇고 길쭉하게 생겼습니다. 물론 너무 작아서 아주 자세히 들여다보아야 형체를 겨우 볼 수 있습니다. 열대지방에서 주로 서식하여 높은 온도를 좋아하는 해충으로, 식물의 즙액을 먹으면서 식물의 세포를 다치게 하고 바이러스를 옮기기도 합니다.

총채벌레도 매우 골치 아픈 해충 중 하나입니다. 알을 식물의 조직 내에 산란하여 물리적 방제가 쉽지 않습니다. 박멸하려면 알(식물 조직 내) - 유충(식물 위) - 번데기(토양 내) - 성충(식물의 잎 뒷면이나 꽃 안)으로 이어지는 생태 사이클을 끊어주어야 합니다. 알에서 성충까지 10일~15일가량 소요되니, 한번 나타나면 적어도 2주에 한 번은 방제를 계속해 주어야 합니다. 총채벌레는 꽃 속에 숨어있는 경우가 많아서, 꽃이 피는 식물이라면 꽃 속도 확인해야 합니다.

발견한 즉시 피해가 심한 부분의 잎을 잘라내고 물 샤워로 잎을 씻어내줍니다. 꽃이 있다면 아깝더라도 함께 잘라내는 것이 좋습니다. 꽃 속에 숨은 총채벌레는 잡기가 쉽지 않고 그 후 약을 쳐줘야 하는데, 쉽게 구할 수 있는 천연 살충제로는 다른 해충에 비해 방제 효과가 떨어집니다. 그나마 효과가 있다고 하는 것은 백강균을 사용하는 것입니다. 동충하초과의 균으로 곤충의 피부를 통해 침투하여 곤충을 감염시키는 방법입니다. 진딧물, 뿌리파리 등 곤충과의 해충이라면 모두 효과가 있습니다. 인간과 동물에는 해가 없어 집에 아기나 동물이 있다면 먼저 시도해 볼 수 있는 방제방법입니다. 백강균으로도 효과가 없어 전문 농약을 써야 한다면 플록사메타이드 계열(캡틴)이 있는데, 다른 살충제에 비해 구하기가 어렵고 가격대가 비싼 편입니다.

가루이[난이도 ☆☆☆☆]

실내에서 발생하는 가루이는 보통 온실가루이 · 담배가루이 두 종류 정도입니다. 잎을 건드렸을 때 하얗고 작은 나방 같은 벌레가 날아오른다면, 잎 뒷면을 잘 살펴야 합니다. 가루이는 빛을 싫어해서 안 보이는 곳에 숨어있거든요. 가루이가 맞다면 뒷면에 알이 있을 것입니다. 까만 알이 있다면 온실가루이고, 연노란색 알은 담배가루이입니다.

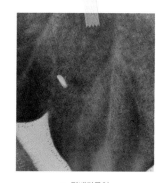
▲ 담배가루이

▲ 담배가루이 알

대표 해충들이 모두 그러하듯 가루이도 번식력이 어마어마하고 심지어 날아다니면서 알을 여기저기 낳습니다. 근처에 다른 식물이 있다면 바로 격리해서 방제해야 합니다. 응급처치로 잎 물 샤워를 시키고(특히 뒷면) 스프레이 타입의 해충 약을 잎이 완전 젖을 때까지 충분히 뿌려준 뒤에, 노란 끈끈이 트랩을 화분 흙에 꽂아줍니다. 가루이도 뿌리파리처럼 노란색에 반응하여 성충을 잡을 수 있습니다. 절대 단번에 사라지지 않으니 2~3일 간격으로 최소 2주 이상은 해야 효과를 볼 수 있습니다. 중간에 포기하면 이제까지의 노력이 헛수고가 되어버리니, 끈기를 가지고 지켜봐야 합니다. 약을 친 직후는 식물의 잎이 힘이 없어 보이기도 합니다. 시간이 지나면 곧 회복하니 너무 걱정하지 않아도 됩니다. 하지만 약의 농도가 너무 높으면 식물이 약해를 입을 수도 있습니다. 잎에 반점이 생기거나 누렇게 변한다면, 시든 잎을 떼고 샤워기로 잎을 씻어줍니다. 약해를 입지 않으려면 약마다 정해진 희석 비율을 잘 지키는 것이 중요합니다.

응애[난이도 ☆☆☆☆]

응애는 단언컨대, 식집사를 가장 괴롭히는 해충입니다. 잎에 하얀 점과 가루가 생기고 거미줄이 보인다면, 의심의 여지 없이 응애입니다. 아주 작은 거미라고 생각하면 되는데, 귀여운 크기와 이름에 맞지 않게 피해는 절대 귀엽지 않습니다. 식물의 줄기나 잎에 침을 꽂아 세포액을 빨아먹으면서 엽록소를 파괴하여 결국 식물을 고사시킵니다. 엽록소가 파괴된 흔적이 하얀 점으로 남고, 탈피 껍데기가 우리 눈에 하얀 가루처럼 보이게 되죠.

응애도 종류와 서식지의 온습도에 따라 다르지만, 빠를 때는 부화한 지 7일 만에 알을 낳고 3~4주 동안 수백 개의 알을 낳으며, 알이 부화하는 데는 72시간 정도일 때도 있습니다. 심지어 무성생식을 한다고 합니다. 이 무시무시한 번식력이 1mm도 되지 않은 작은 거미가 순식간에 식물을 죽일 수 있는 강력한 무기가 됩니다. 식물의 종류를 가리지 않지만, 장미과(찔레, 딸기, 매실, 사과 등)의 식물은 응애와 떼려야 뗄 수 없습니다. 이런 식물을 키우신다면 반드시 응애 방제를 미리미리 해야 합니다.

샤워기 수압으로 잎 앞뒷면을 고루 씻어내어 1차로 응애와 알을 떨어뜨려 줍니다. 하얗게 변한 잎은 떼어준 후, 약을 3일 간격으로 반복하여 살포해 줍니다. 응애는 잎의 뒷면에 주로 서식하기 때문에, 뒷면까지 꼼꼼히 뿌려주어야 합니다.

응애는 거미라서 일반적인 살충제로는 방제가 어렵습니다. 응애의 대처 난도가 높은 또 하나의 이유죠. 살비제가 필요합니다. 살비제는 뿌리파리나 가루이 같은 해충이나 꿀벌 같은 익충은 죽이지 않고, 거미나 진드기를 죽이는 약입니다. 응애는 살비제에 대한 적응력이 높아 권장비율보다 약하게 치거나 방제 주기가 너무 길어지면 금방 약에 내성이 생깁니다. 썼던 약을 계속 쓰면 약효가 점점 떨어질 거예요.

화학적 방제방법을 피하고 싶다면, 천적인 포식성 응애를 사용하는 것도 좋은 방법입니다. 사막이리응애나 칠

응애 흔적으로 하얗게 변한 잎

▲ 응애흔적과 사막이리응애

레이리응애가 대표적입니다. 칠레이리응애는 위로 올라가는 습성이 있고 포식량이 다른 응애에 비해 높아 잎에 붙어있는 잎응애 방제에 더 효과적이나 먹이가 없을 때는 생존력이 떨어집니다. 반면, 사막이리응애는 온습도 적응력이 높아 온습도 변화가 큰

▲ 확대한 응애와 탈피껍질

한국의 여름 날씨에 유리하며, 먹을 해충이 없을 때는 꽃가루 등을 먹으며 살아갈 수 있어 칠레이리응애에 비해 활용이 좀 더 쉽다는 장점이 있습니다. 예방 목적으로 사용하기에도 더 좋겠죠.

천적을 사용하는 방법은 예방 · 초기까지는 좋은 방법일 수 있으나, 잎이 눈에 띄게 거미줄로 덮이고 흰 반점이 보인다면 빨리 포기하고 화학적 방제를 쓰는 것을 권장합니다. 앞에도 언급했듯이 번식 속도가 너무 빨라서 개체수를 잡는 것이 쉽지 않습니다.

흰가루병[난이도 ☆☆☆]

▲ 흰가루병

이제껏 언급했던 해충과 달리 곰팡이에 의한 병입니다. 수국이나 장미류가 있다면 여름에 각오해야 하는 병인데, 장마철에 통풍이 조금만 불량해도 바로 생깁니다. 흰가루병에 걸리면 잎에 하얀 밀가루

가 뿌려놓은 것처럼 보입니다. 이것은 밀가루가 아니라 균총입니다. 포자가 날려 주변 잎에 퍼지므로 발견하면 바로 잎을 잘라서 확실히 버려야 합니다.

흔한 병이니만큼 약의 종류도 많은데요, 인터넷에서 쉽게 구할 수 있는 친환경 약제는 예방이나 초기 진압용으로는 효과가 있으나 여기저기 번지고 난 뒤라면 효과를 보기 어렵습니다. 방제해도 잡히지 않는다면, 농약사에서 전문 약품을 추천받아 사용하는 것을 추천합니다. 어떤 약이든 용법에 맞게 희석하여 잎이 완전히 젖도록 충분히 뿌려주면 되는데, 한낮 해가 잘 들 때를 피해서 이른 아침이나 해 질 녘 뿌려줍니다. 균도 해충과 마찬가지로 한 번에 방제가 잘되지 않으니 꾸준히 관리해야 합니다.

버섯

장마철이 되면 의외로 자주 나타나는 친구입니다. 버섯을 심은 적이 없는데 도대체 어디서 나타나는 걸까요?

포자가 바람을 타고 날아올 수도 있겠지만, 대부분은 흙에 포함되어 있던 균사가 적당한 온습도를 만나 버섯으로 자라난 것입니다. 버섯도 일종의 곰팡이니까요(버섯이 되는 곰팡이를 담자균이라고 합니다). 흙이 썩었다거나 잘못된 것은 아닙니다. 오히려 흙에 유기질 양분이 있다는 신호이니, 버섯이 갑자기 나타났다고 해서 놀라지 않아도 됩니다. 사람이나 식물에 별다른 영향을 주지 않습니다. '아, 흙이 습하구나' 정도의 신호로만 받아들이셔도 됩니다.

특별한 조치를 하지 않아도 되니 난이도라 할 게 없겠네요

그렇다고 해서 그냥 내버려두라는 의미는 아닙니다. 직접적인 피해는 주지 않지만, 흙의 보습력을 떨어뜨리는 등 식물에 이득 될 것은 없으니 떼어냅니다. 혹시나 해서 하는 말이지만, 버섯은 종류가 너무나 많고, 독이 있을 수도 있으니 절대 먹으면 안됩니다.

▲ 버섯

한번 나타나면 포자가 이미 퍼져 있을 수도 있습니다. 그래서 떼어낸다고 해도 당분간은 계속 나타날 거예요. 장마라면 더욱 그럴 확률이 높습니다. 병해충을 몇 번 겪어보시면 버섯은 그저 귀여운 존재입니다. 다양한 식생을 경험했다(?) 정도로 생각하면 됩니다. 버섯을 만나고 싶지 않다면, 오래 보관한 흙을 사용하지 않는 것이 좋으며, 화분에서 계속 자라난다면 분갈이 하면서 흙을 교체하면 됩니다.

실내 가드닝에서 볼 수 있는 대표적인 해충(균)에 대해 설명드리면서, 농약에 대해 이야기했습니다. 실내에서 식물을 키우는 식집사라면 당연히 망설여질 겁니다. 특히 방안에서 키울 경우 더욱 고민되지만, 조금만 검색해 보면 집에서도 쉽게 만들 수 있는 천연 살충제에 대한 정보를 찾을 수 있습니다. 대표적으로 난황유(마요네즈 물)가 있습니다.

난황유도 분명 좋은 방제방법입니다. 하지만 그 제조법이 조금씩 다르기도 하고, 집에서 만들다 보면 비율을 맞추기도 어렵습니다. 또한, 실내에서 잘못 사용할 경우 난황유가 부패하여 불쾌한 냄새(노른자 썩은 냄새)가 날 수 있으며 이는 식물과 화분 흙을 썩게 만듭니다. 대표적인 예로 난황유를 들었지만, 모든 음식물(유기물)을 활용한 살충제나 비료는 실내에서 잘못 쓰면 득보다 실이 더 클 수 있으므로, 인증된 친환경 약을 사는 것을 권장합니다.

　꽃이 예뻐서 산 식물인데, 오자마자 금방 떨어지고는 1년이 지나도 꽃 구경 한번 못하는 경우가 종종 있습니다. 제일 먼저 환경을 확인해 봅니다. 햇빛·물·양분 등 조건이 맞지 않으면 꽃이 피지 않을 수도 있습니다. 꽃망울은 맺히는데 피지 못하고 떨어진다면 습도와 물을 신경 써야 합니다. 평소 건조한 것을 좋아하는 식물이라도 꽃망울이 생기고 난 뒤로는 평소보다 물을 더 많이 필요로 합니다. 또한, 꽃·열매를 맺는 것 자체가 많은 양분이 필요한 일이므로 꽃이 생기는 시기에 맞추어 비료(액비)를 주면, 꽃을 더 많이, 길게 볼 수 있습니다.

　일조량이 부족해서 꽃이 피지 않을 수도 있지만, 카랑코에(혹은 칼란디바)나 포인세티아와 같은 단일(短日)식물일 경우는 해가 너무 많이 들어서 꽃이 안 필 수도 있습니다. 단일식물이란 낮의 길이가 짧고 밤이 길 때 개화하는 식물을 일컫는 말인데, 가을에 피는 꽃들이 단일식물이 많습니다. 방 안에서 단일식물을 키우게 되면 밤에도 형광등 빛을 받게 되어 꽃눈이 생기지 않습니다. 베란다에 있는 식물이라면 식물이 오후 늦게까지 햇빛을 받지 않도록 동쪽으로 옮기는 방법도 있고(혹은 아침에 볕을 받지 않도록 서쪽으로 옮길 수도 있습니다), 방 안이라 형광등 빛을 피하기 어렵다면 하루 14시간 정도 단일처리를 해주면 됩니다. 단일처리는 검은 비닐봉지나 박스를 오후 7시~오전 9시 정도까지 씌워두는 것을 반복합니다.

적어도 5~6주 이상, 꽃눈이 보일 때까지 매일 반복해야 합니다. 이 방법이 가장 확실한 방법이기는 하지만, 매일 알람 맞춰두고 덮어씌웠다 열었다 하는 것은 꽤 번거로운 일입니다. 빛을 오래 보지 못하도록 두는 장소를 바꾸는 것을 더 추천합니다. 다만 이때 빛이 잘 차단 되는 곳인지 확인해 보세요. 칼랑코에를 남향 베란다의 창가에 두었다가 동쪽 선반의 모서리로 옮긴 적이 있었는데, 거실 쪽 면의 가지에서는 꽃이 피지 않고, 베란다 벽 쪽 면의 가지에서만 꽃을 피우더군요.

창을 통해 들어오는 거실 형광등의 불빛도 영향을 받는다는 사실을 의도치 않게 실험했던 경험이었습니다.

4-4 식물이 너무 볼품없이 자라요

살 때는 초록초록하고 풍성하던 식물이 집에만 오면 가늘고 길게만 자란다면, 화분을 두는 곳에 볕이 잘 드는지 확인합니다. 식물은 햇빛이 모자라면 어떻게든 더 받으려고 키가 쑥 자라는데 마디와 마디 사이가 짧고 짱짱하게 자라는 것이 아니라 마디 사이가 길고 가늘어 휘청휘청하고, 색도 옅어집니다. 이를 웃자란다고 표현합니다. 원래 무늬나 색이 있는 잎을 가진 식물은 그 특징을 잃어버리죠. 이럴 때는 좀 더 햇빛이 많이 드는 곳으로 옮기거나, 여의치 않다면 식물등을 구매하는 방법이 있습니다.

예쁜 수형에 반해서 데려왔는데, 웃자라는 건 아니지만 갑자기 더벅머리가 되는 경우가 있습니다. 한쪽 가지만 훅 자란다거나, 잎이 풍성해지지 않고 그냥 위로만 계속 길게 자라기도 합니다. 지인들이 이런 고민을 얘기하면, 저는 가지치기를 해보라고 권합니다. 하지만 대부분의 식초보는 엄두가 나지 않아 가지치기를 미루는 경우가 대부분입니다. 멀쩡한 식물을 자르는 것이 마음에 걸리고, 내가 잘못해서 괜히 긁어 부스럼 만드는 것이 아닐까 하는 마음에 차일피일 미루게 되죠.

고백하자면, 제게도 그런 식물이 있습니다. 바로 티트리입니다. 꽤 오래전, 일자로 쭉 뻗은 목대와 가녀린 잎에 반해 손바닥만 한 작은 화분을 들였습니다. 작고 귀엽던 티트리는 하루가 다르게 쑥쑥 자랐고, 그 모습이 기특해 때맞춰 화분 크기를 키워가며 분갈이를 해 주었더니 어느새 제 키만큼 자랐습니다. 더 이상 작지도, 귀엽지도 않았죠. 키만 커지고, 잎은 듬성듬성해졌습니다. 관심이 멀어진 만큼 베란다 한쪽 구석으로 밀려난 채로 물만 겨우 주며 방치 한 시간이 몇 년. 이대로 두었다가는 천장까지 닿는 게 아닌지 걱정이 드는 지경이 되어서야 떨리는 손으로 가위를 잡았습니다. 너무 많이 자르면 죽을 것 같아서 소심하게 끄트머리만 조금씩 잘랐던 기억이 납니다. 그 결과, 긴 장대 위에 힘없는 가지 두 개가 얹혀 더 볼품없는 모습이 되고 말았습니다. '결단을 좀 더 빨리 내렸다면 적당한 높이에서 차근차근 가지치기하여 더 예쁘고 풍성한 티트리를 만들 수 있었을 텐데' 하는 후회로, 강전정을 반복하며 키를 낮추고 있습니다. 목대가 굵어져 버려서 이제는 톱으로 잘라내야 하는 수준이 되었지만, 꾸준히 하다 보면 언젠가는 더 튼튼하고 풍성한 티트리가 되겠지요.

식집사들의 어록 중 '식물을 사랑한다면 가위를 들라'는 말이 있습니다. 아끼지 말고 잘라야 식물을 위하는 일임을, 식물을 키우다 보면 더 이해하게 될 겁니다. 가지치기의 자세한 방법은 식집사로 레벨 업 하게 되는 다음 장에 자세히 설명해 드리겠습니다.

식초보에서 식집사로
LEVEL UP!

　1년 정도 죽이지 않고 탈 없이 식물을 키워냈다면, 이제 여러분은 식초보에서 식집사로 거듭날 준비가 되었습니다. 이제까지는 '죽이지 않는 법'에 초점을 맞추었다면, 지금부터는 '잘 키우는 법'에 대해 알려 드리겠습니다.

5-1 분갈이 · 흙갈이

매년 꼭 해줘야 하는 것은 아니지만 열대식물이나 허브류같이 생장 속도가 빠른 식물을 키워보면, 1년이 되기도 전에 화분이 식물 크기를 감당하지 못할 만큼 크기도 합니다. 식집사가 되려면 반드시 거쳐야 하는 관문, 분갈이법을 알아보겠습니다.

꾸준히 식물을 관찰하고 보살펴주었다면, 식물이 보내는 분갈이 신호를 알 수 있습니다. 식물이 화분에 비해 너무 커 보이거나 물이 너무 빨리 말라서 물 준 후 하루만 지나도 잎이 처질 때, 화분 밑 물구멍을 살펴봅니다. 뿌리가 물구멍 밑으로 나와 있다면 분갈이를 해 줘야 할 때입니다. 혹은 과습이 왔을 때 남은 뿌리를 살리기 위해 할 수도 있고, 흙이 좋지 않아 배수가 불량하거나 식물에 맞지 않을 때도 할 수 있습니다.

때맞춰 잘 해주면 손바닥만 하던 작은 식물이 곧 대형화분으로 무럭무럭 자라는 모습을 보는 재미를 느낄 수 있습니다. 여건상 식물의 크기를 너무 키우고 싶지 않다면, 기존 화분을 그대로 쓰고 흙만 바꿔주는 흙갈이를 해도 됩니다. 그럴 때는 뿌리를 적당히 잘라내고, 가지치기해서 화분이 식물에 비해 너무 작지 않도록 조절해 주어야 합니다. 그러면 새 흙에 새 뿌리와 잎이 돋아나면서, 금방 예쁜 모습을 되찾게 된답니다.

분갈이하려면 새 화분과 흙이 필요합니다. 어떤 화분과 흙을 골라야 하는지, 또 다른 필요한 준비물은 무엇이 있는지부터 알아보겠습니다.

준비물 1-화분

소재와 모양에 따라 장단점이 다 다릅니다. 식집사의 디자인 취향도 중요하지만, 화분은 식물의 집과 같으니 내 반려 식물의 종류와 키우는 환경에 대해 먼저 생각해야 합니다.

✔ 플라스틱 화분

가장 큰 장점은 무게가 가볍고 파손위험이 적어서 다루기 편하다는 점입니다. 심지어 가격도 가장 저렴한 편입니다. 식집사 레벨이 올라감에 따라 식물이 하나둘씩 늘어나면 화분의 무게가 가볍다는 것이 얼마나 큰 장점인지 느낄 수 있습니다. 물 샤워 시킬 때, 해충이 나타나 화분을 격리할 때, 위치 이동시킬 때 등 화분을 이리저리 옮길 일이 생각보다 많습니다. 화분이 무겁다면 이 일이 중노동이 되어 큰마음을 먹지 않고는 하기가 어려워집니다. 관리가 쉬워야 자주 관리가 가능하고, 식물을 더 건강하게 키울 수 있습니다.

단점이 있다면 통기성이 떨어진다는 점인데, 화분에 길고 얇은 구멍을 내서 통풍에 유리한 플라스틱 화분도 있습니다(슬릿분). 요즘은 플라스틱 화분의 디자인도 꽤 좋아져서 촌스럽지 않은 화분도 많이 있지만, 그래도 도자기나 토분에 비교해 본다면 미적으로 다소 아쉬운 것도 단점이라고 할 수 있습니다.

∨ 토분

흙을 구워서 만든 토분도 초보 식집사에게 추천하는 화분입니다. 흙의 특성상 미세 구멍이 많아 통기성이 좋아서 과습을 막아주는데 어느 정도 도움을 주기 때문입니다. 토분은 가격 편차가 꽤 심합니다. 싼 화분은 플라스틱과 비교해도 차이가 나지 않을 만큼 싸지만 몇십 배는 비싼 토분도 있습니다. 이탈리아 토분이 다른(독일, 국산, 베트남산) 토분에 비해 비싼 편입니다. 더 두껍고 단단해 충격에 조금 더 강하고 심미적으로도 훨씬 고급스러워 보이지만 그만큼 매우 무겁다는 단점이 있습니다.

가벼운 화분은 저렴하고 다루기 쉽지만, 하얀 얼룩이 잘 생깁니다. 흙과 물 혹은 비료에 있던 미네랄 등의 염류가 토분의 구멍을 통해 화분 표면으로 나와 쌓이면서 생기는 백화현상입니다. 오래 사용하면 곰팡이가 슬기도 하고 이끼가 생기기도 하지요. 이것도 '빈티지'의 느낌으로 인테리어에 활용하시는 식집사들도 있습니다만, 취향에

▲ 백화 토분

따라 선호하지 않을 수 있으니, 토분을 고를 때 고려합니다.

백화현상이 생겼다고 화분을 못 쓰는 것은 아닙니다. 하지만 너무 오래 방치하면 토분의 통기성이 떨어지고 표면의 염류가 다시 흙에 스며들어 식물에 영향을 줄 수 있으니, 백화현상이 화분 전체에 나타난다면 분갈이 후 화분을 씻어 제거해 주는 것이 좋습니다.

백화현상 나타난 토분 관리법

STEP1 : 따뜻한 물을 깊은 대야에 담고 베이킹소다을 풀어준 후 화분을 담구어 충분히 불려줍니다.

STEP2 : 칫솔이나 두꺼운 솔로 화분 겉에 있는 이물질을 제거합니다.

STEP3 : 식초(혹은 구연산)을 푼 물로 헹구어 준 후 깨끗한 물에 하루 정도 담가 잔류 염류와 구연산을 빼줍니다.

STEP4 : 햇빛에 바짝 말려줍니다.

✔ 도자기

색과 디자인이 다양하고, 적당한 가격으로 고급스러운 분위기를 연출할 수 있어 실내 식물 인테리어에 많이 쓰입니다. 토분처럼 흙을 사용하지만, 보다 고운 점토를 사용하고 훨씬 높은 온도에서 여러 번 구워낸 후, 유약 처리를 합니다. 고온에서 유리화되어 두드렸을 때 토분처럼 둔탁한 소리가 나지 않고 유리처럼 청아한 소리가 납니다.

토분의 대표적인 특징인 숨구멍이 막혀서 통기성에서는 불리하지만, 백화현상 등의 오염에 강하고 이끼나 곰팡이도 피지 않습니다. 물을 좋아하는 식물이나 수경재배를 하는 식물이라면 도자기 화분이 좋은 선택지가 됩니다. 반대로 과습에 취약한 식물이라면 도자기 화분은 피하는 것이 좋습니다.

∨ 시멘트

마감되지 않은 듯한 천장, 콘크리트를 그대로 살려서 투박하지만 모던한 느낌의 인더스트리얼 인테리어가 유행할 때 같이 유행했던 화분입니다. 요즘은 잘 쓰지 않지만, 카페나 식당에서는 아직 흔히 볼 수 있습니다. 식집사에게는 별로 추천하지 않는 화분입니다. 시멘트 특성상 통기성도 좋지 않고 염기성을 띠어 중성, 산성의 토양을 좋아하는 식물을 키운다면 더욱이 추천하지 않습니다. 대형 식물을 시멘트 화분에 심었다가 분갈이라도 한번 했다가는 소중한 허리가 무사하지 못할 수 있습니다.

여러 가지 소재에 대해 장단점을 썼지만, 이보다 더 중요한 것은 사실 화분의 크기입니다. 식물에 비해 너무 작아도, 너무 커도 식물에 좋지 않습니다. 작으면 뿌리가 화분에서 똬리를 틀다가 화분 모양대로 단단하게 굳어버리는데, 물을 빨아들이기가 어려워집니다. 조금만 물을 늦게 줘도 쉽게 물 마름 피해가 생기고, 뿌리가 뻗어 나갈 공간이 없어서 생장할 수 없습니다. 너무 큰 화분에 넣게 되면 흙이 잘 마르지 않아 뿌리가 숨을 쉴 수 없게 되고, 뿌리가 물러지면서 과습 피해를 입을 수 있습니다. 적당한 크기의 화분에 분갈이하면서, 성장에 따라 맞는 분으로 계속 교체해 줘야 합니다.

(×)   (○)   (×)

화분 밑바닥의 모양도 중요합니다. 1장에서 통풍에 대해 언급하면서 화분을 받침대에서 띄워주는 방법을 알려드렸습니다. 그런데 만약, 바닥에 굽이 있는 화분을 사용하면 굽에 있는 구멍으로 통기가 되어 바닥에 병뚜껑을 괴어주는 수고를 덜 수 있습니다.

준비물 2-흙

'사방에 널린 게 흙인데, 아무거나 쓰면 안 되나요?' 이런 질문을 많이 받았습니다. 이것만큼은 단호하게 말씀드릴 수 있습니다.

"안 됩니다"

영양분은 둘째치고, 오염된 흙일 수도 있고 벌레를 집으로 모시고 오는 꼴이 될 수도 있습니다. 집에서 화분에 쓰는 흙이라면 꼭 사서 쓰셔야 합니다. 흙 재활용도 추천하지 않습니다. 양분의 균형이 깨져있을 확률이 높고 염류가 쌓여 식물이 흙에 수분을 빼앗겨 버리는 역삼투압 현상이 있을 수 있습니다.

흙을 사려고 '분갈이 흙'으로 검색해 보면 흙의 이름이 여러 가지가 있어 식초보들을 혼란스럽게 합니다. 상토, 배양토, 배합토, 혼합토 등이 있습니다. 더 세부적으로는 펄라이트, 질석, 난석, 마사토, 훈탄, 산야초, 피트모스처럼 어려운 이름들도 흔히 볼 수 있죠.

모든 원예용 흙은 상토가 기본입니다. 상토는 국가에서 품질을 관리하는 흙으로, 상토라는 이름을 사용하기 위 원료, 배합, 멸균, 포장, 보관 등의 모든 과정에서 비료관리법을 준수해야 합니다. 그만큼 믿고 쓸 수 있는 흙이라고 할 수 있습니다. 다양한 식물에 범용으로 사용하려면 원예용 상토(상토 2호)를 사용할 수 있습니다.

그런데 실내 정원을 가꾸는 식집사들은 사실 상토 보다는 배양토(배합토, 혼합토도 이름만 다를 뿐 배양토와 같습니다)를 더 많이 사용합니다. 상토는 씨앗 발아나 어린 모종의 뿌리 내리기에 초점이 맞춰져 있기 때문인데요, 너무 많은 영양분이 있으면 어린 식물의 뿌리가 썩을 수 있어 상토에는 양분이 많지 않습니다. 화분에 담기는 적은 양의 상토로는 1년 이상, 분갈이를 자주 하지 않는다면 몇 년 동안 쓰기에는 양분이 모자랄 수 있습니다. 실내에서 키운다면 통풍에 불리해서 상토만 사용하면 과습의 위험도 있습니다. 상토에 영양분과 통기성을 식물과 환경에 맞도록 보완해 주어야 합니다. 식집사를 넘어선 고수의 경지에 오른 분들은 직접 재료를 배합해서 사용하기도 하지만, 편의상 판매자가 식물에 맞게 흙의 재료를 자신만의 레시피로 배합해서 만든 배양토를 많이 사용합니다. 배양토는 관엽, 화초류 등 대부분의 식물에 사용 가능하지만, 배수가 중요한 다육식물이나 pH에 민감한 블루베리나 수국은 전용 흙을 사용하는 것이 좋습니다. 전용토도 인터넷으로도 쉽게 구매할 수 있습니다.

분갈이할 때 상토나 배양토를 써 본 후, 내 식물과 환경에 따라 재료를 적절히 다른 재료를 더 배합해서 다음 분갈이 때 사용해 보는 식으로 나만의 레시피를 만들어봅니다.

	마사토*	펄라이트	훈탄	피트모스
정의	풍화 화강암 (굵은 모래)	진주암 분쇄→가열 인공모래(돌뻥튀기)	탄화 왕겨(숯)	수생식물류가 퇴적된 유기물
특성	배수, 통기 ↑	배수, 통기 ↑	향균(해충억제) 배수, 통기 ↑	보습, 보온 ↑
PH	5.5~6.5 (약산성)	7~7.5 (중성)	7.5~8 (약알칼리)	3~6 (산성)**
모양				

* 마사토 : 세척 마사토를 구매하세요. 세척하지 않은 마사토는 황토 흙탕물을 흘려 집의 하수구를 막을 수 있습니다.
** 산성 : 피트모스의 pH는 3~5 정도이나, 핀스트럽 피트모스는 5~6.

대부분의 관엽식물이나 화초류는 별도의 배합 작업 없이 배양토만 써도 충분합니다. 하지만 특히 높은 배수성이 필요하거나(다육, 난), pH에 민감하거나(수국, 블루베리 등), 양분이 독이 되는 식물(구근, 새싹)은 배양토 사용에 주의해야 하며, 전용토 사용을 추천합니다.

준비물 3-그 이외 부수적으로 필요한 것들 : 화분망[깔망]·장갑·삽

양파망을 화분망으로 사용하는 사람도 있고, 삽 대신 종이컵이나 플라스틱병을 잘라 사용하는 사람도 있지만, 식집사의 성지인 다이소에 가면 1~2천 원이면 살 수 있습니다. 가시가 있는 식물을 다룬다면 원예용 장갑(절연장갑처럼 손바닥 면이 두껍게 코팅)을 끼고 작업해야 합니다. 분갈이 후 약을 친다면 반드시 장갑을 사용합니다.

실전! 분갈이

STEP 1 : 흙 깔기

화분망을 깔고 흙을 깔아준다. 배수에 좀 더 신경 쓰고 싶다면 흙을 깔기 전에 마사토나 난석을 바닥에 살짝 깔아준다.

STEP 2 : 식물 꺼내기

기존 화분에서 식물을 조심스럽게 꺼낸다. 플라스틱 포트라면 옆면과 바닥을 꾹꾹 눌러주면 쉽게 꺼낼 수 있다. 화분에서 잘 빠지지 않는다면,

'자'나 '꼬챙이' 같은 얇은 것을 화분 가장자리에 돌려가며 깊이 넣어서 화분과 흙을 분리한 후 꺼내면 된다.

STEP 3 : 뿌리 풀어주기

뿌리가 다치지 않도록 조심해서 뭉쳐있는 뿌리와 흙을 풀어준다. 검게 변한 마른 실뿌리는 떼어 정리해 준다. 흙을 다 털어낼 필요는 없고, 뿌리가 풀어져서 흔들흔들 움직일 정도면 충분하다. 뿌리가 너무 꽉 차서 단단하게 뭉쳐있거나 화분에 잘 들어가지 않는다면 뿌리를 잘라내도 되는데 그럴 때는 가지치기를 같이 해주어야 한다.

STEP 4 : 높이 확인

흙을 채우기 전, 화분에 뿌리를 넣어보고 높이를 확인한다. 화분 위로 뿌리가 올라오면 깔린 배양토를 좀 걷어내고, 너무 깊이 들어간다면 배합토를 아래에 더 깔아준다.

STEP 5 : 흙 채우기

삐딱하게 심기지 않도록 화분을 돌려가며 흙을 화분 아래 3~5cm 정도 아래까지 흙을 채워준다. 너무 높이 올라오면 물을 줄 때 흘러넘쳐서 번거롭기 때문이다.

STEP 6 : 흙 정리

화분을 가볍게 내려쳐서 흙이 빈 곳에 잘 채워질
수 있도록 정리한다. 옷걸이 같은 얇은 철사로 가장
자리의 흙을 눌러주면 흙을 좀 더 쉽게 채울 수 있다.
너무 힘줘서 꾹꾹 흙을 누르면 뿌리가 다칠 수도 있
기 때문에 조심한다.

STEP 7 : 물을 흠뻑 준다.

마른 흙에 물이 들어가면서 흙이 좀 더 잘 다져지
는데, 흙이 너무 내려가면 좀 더 보충해 준다.

STEP 8 (선택사항) : 가지치기

뿌리를 많이 정리했거나, 잎이 너무 빽빽하면 가지치기한다. 물과 양
분을 보내줘야 할 잎이 줄어들면 뿌리의 부담도 줄이고, 남은 잎도 다치
지 않는다.

STEP 9 : 휴식

통풍이 잘되고 햇빛이 약한 곳에서 충분히 쉴 수 있도록 해준다. 잔뿌
리를 다치고 흙에 완전히 안착하지 않은 상태에서 직사광선은 식물을 다
치게 한다.

단계가 많아 보이고 어려울 것 같지만, 한번 제대로 하면 금방 물 흐르
듯 할 수 있습니다.

식초보일 때는 가지치기가 무섭기도 하고, 그 필요성에 대해 체감하지 못해 미뤄두기도 합니다. 하지만 식집사로 성장하기 위해서는 필수적으로 필요한 관문이기도 하죠. 가지치기는 왜 꼭 필요할까요?

첫째, 식물의 생장에 도움이 됩니다.

불필요한 잎이나 가지를 제거해 주면, 나머지 잎과 나무들에게 물과 영양분을 더 많이 보낼 수 있어 더 건강하게 생장할 수 있습니다.

둘째, 병충해를 예방할 수 있습니다.

빽빽한 잎은 통풍에 불리하며 햇빛을 충분히 받을 수 없습니다. 부족한 통풍과 빛은 식물을 약하게 만들고, 약해진 식물은 병해충을 이겨내지 못하고 쉽게 병들게 되죠.

셋째, 수확량을 늘릴 수 있습니다.

너무 많은 가지와 잎이 자라면 영양분과 수분을 과도하게 소비하게 됩니다. 열매로 갈 수분과 영양분이 모자라 열매의 성장에 방해가 된다는 의미입니다.

넷째, 더 예쁘게 자랍니다.

가지치기하지 않고 그냥 키워보면, 한쪽 가지만 두드러지게 자라서 보기에 좋지 않습니다. 또는 키만 크면서 곁가지를 내지 않아 풍성한 수형을 만들기 어렵습니다. 적당한 키가 되었을 때 가지치기하고, 나온 곁가지가 또 적당히 자랐을 때 주기적으로 해주어야 수형이 대칭이면서도 잎이 풍성하게 자랍니다.

몇 가지 원리만 이해하면, 가지치기를 무서워하지 않아도 됩니다. 가지치기하는 4가지 이유를 잘 생각해 보면 어떤 가지를 잘라야 하는지 감이 올 거예요.

상한 잎, 가지 안쪽으로 자라는 잎, 겹치는 가지, 대칭에서 벗어난 가지

가지치기의 가장 좋은 시기는 생장이 활발한 시기 직전입니다. 꽃이 피는 식물이라면, 꽃눈이 생기기 전이나 꽃이 지고 난 후가 가장 좋은 때입니다. 병든 잎이나 가지가 있다면 시기에 상관없이 바로 잘라

▲ 가지치기 전 레몬

▲ 가지치기 후 레몬

줍니다. 가지를 자를 때는 전지가위를 사용하고, 사용 전 알코올 솜으로 소독합니다. 무딘 가위를 쓰면 가지의 조직이 뭉개지고, 소독하지 않으면

절단면이 감염될 수 있습니다. 가지치기를 처음 한다면 전체의 10~20% 정도만 하고 새순이 나는지 확인해 가며 반복합니다. 가장 윗부분(생장점)을 자르면, 그 바로 아래에 2개의 곁가지가 Y 모양으로 자라납니다. 처음이 어렵지, 한번 하고 나면 금방 가위손이 될 수 있습니다.

가지치기가 여린 초록 줄기가 아닌 목질화 된 가지나 큰 잎을 전지가위로 자르는 것이라면, 순 따기는 여린 새순을 손으로 따는 것을 말합니다. 가지치기보다 훨씬 자주 해야 하는 경우가 많습니다. 흔한 장미허브도 순따기를 잘하면 특별한 외목대 나무를 만들 수 있습니다.

▲ 가지치기 후 Y

▲ 순따기로 풍성한 외목대 만들기

4-2 잎(가지)에 뭔가 있어요!에서 병해충에 대해 하나씩 소개하고 방제하는 법을 알아봤습니다. 그때도 언급했지만, 최고의 방제방법은 병해충이 나타나기 전에 미리 예방하는 것입니다.

✓ 목초액 사용

목초액은 나무를 숯으로 만들 때 나는 연기가 외부 공기와 만나 액화된 물을 숙성해 유해 물질을 제거한 뒤 수용액 부분만을 추출한 것입니다. 농업에서도 해충 방제 목적으로 널리 사용하고 있으며, 의약품의 원료로도 사용하고 있습니다.

목초액 원액은 보통 pH2~3 정도의 산성이므로 반드시 물에 희석해서 사용해야 합니다. 희석비율은 제품마다 다를 수 있으니 구매하실 때 반드시 확인해야 합니다. 일반적으로는 예방 목적일 때 물 1리터에 1ml(1000:1) 정도로 한 달에 두어 번 정도 식물 전체에 골고루 뿌려줍니다. 해충이 발생했다면 1리터에 2ml 정도(500:1)로 비율을 높여서 사용해도 됩니다. 식물을 처음 집에 들여왔을 때 방제목적으로 첫 물을 목초액 희석액으로 주기도 합니다.

목초액은 나무를 태워서 만드는 것이므로, 탄내가 납니다. 담배 냄새 같기도 합니다. 환기가 잘 되는 환경에서 사용하세요. 냄새는 그리 좋지 않지만, 낮은 희석 비율로 자주 주면 식물의 영양제가 되기도 하니 잘 활용하면 큰 도움이 됩니다.

식물킬러, 식집사 되기

✔ 농약 사용

해충이 나타나기 전에 미리 농약을 사용할 수 있습니다. 입제 농약을 화분 흙에 올려주는 방법입니다. 입제 농약은 고체의 작은 알갱이로, 화분 흙에 천천히 녹기 때문에 오랜 기간 효과를 지속할 수 있습니다. 희석액을 살포하는 방법에 비해 냄새도 나지 않고, 희석해서 살포하는 수고도 필요 없습니다. 분갈이할 때 흙에 섞어주기도 하고, 연 2회 정도 정량을 흙 위에 올려줍니다. 만약 흙을 먹을 수도 있는 아기나 반려동물이 있다면 조심하는 것이 좋겠습니다. 위험성이 있는 물건이라 인터넷에서는 구하기 어려우니 직접 농약사에 방문해서 구매해야 합니다.

✔ 물 샤워, 가지치기

가장 친환경적인 방법입니다. 물 샤워와 가지치기만 주기적으로 잘하면 해충 초기 방제도 되고, 통풍에도 유리해져서 다른 약이 필요 없을 수도 있습니다. 농약을 사용하기 어려운 환경이라면 더 신경 써서 해야 합니다.

식물을 죽이지 않는 것을 목표로 하는 식초보에게는 비료 사용을 권장하지 않았습니다. 자칫하다가는 오히려 해가 되기 때문입니다. 5장까지 잘 따라오신 식집사라면 이제 비료를 쓸 준비가 되었습니다. 비료를 주는 시기, 종류, 주는 방법에 대해 알아보겠습니다.

비료를 주기 전 가장 중요한 것은 내 식물의 현재 상태입니다. 식물이 아픈 상태라면 절대 비료를 주지 말아야 하며, 건강한 식물에 잎과 꽃을 피우는 데 필요한 양분을 보충해 주는 목적으로 사용해야 합니다. 꽃망울이 생겼을 때부터의 개화기에, 또는 잎을 많이 내는 봄·가을에 사용하면 도움이 됩니다.

✔ 성분에 따라 : 유기질 비료 VS 무기질 비료

유기질 비료는 비료 성분이 유기질 화합물의 형태로 함유되어 있어 자연 생성된 양분이 미생물의 먹이가 되어 분해되면서 식물에 필요한 영양분을 공급합니다. 분해 되는데 시간이 걸리므로 완효성 비료입니다. 분해 과정에서 냄새가 날 수 있으므로 실내에서는 사용에 주의가 필요합니다. 분갈이 시 저용량으로 흙에 잘 섞어서 사용합니다.

무기질 비료는 식물에게 필요한 특정 영양성분을 화학적으로 합성하여 만든 것으로 유기질 비료에 비해 효과가 빨리 나타나고 사용이 간편합니다. 하지만 과사용 시 식물을 다치게 할 수 있습니다.

✔ 형태에 따라 : 알비료(입상비료) VS 액체비료

화원에서 노란 알갱이 타입으로 많이 판매되는 입상 비료는 흙 위에 뿌려 사용하는 비료로 물 줄 때마다 조금씩 녹아 흙에 양분을 공급합니다. 비료가 식물에 직접 닿으면 식물에 피해를 줄 수 있으니 최대한 식물에서 떨어진 흙 위에 올려주는 것이 좋습니다. 한번 뿌려두면 비료에 따라 다르지만 보통 3개월 정도 효과가 지속됩니다.

액체비료는 식집사들이 흔히 '액비'로 많이 줄여서 부르는데요, 가장 효과가 빨리 나타나지만, 그 효과가 거의 일시적이라 다른 비료에 비해 자주 주어야 효과를 계속 볼 수 있습니다. 물에 희석한 뒤 관수하여 뿌리를 통해 영양분을 공급하거나, 희석액을 분무기에 담아 잎에 뿌려 주어 (엽면시비) 잎의 기공이나 큐티클 층을 통해 공급해 줍니다. 엽면시비할 때는 잎의 뒷면을 더 꼼꼼하게 뿌려줘야 효과가 좋은데, 잎의 기공이 보통 뒷면에 몰려있기 때문입니다.

번식(꺾꽂이, 취목, 휘묻이 등)

가지치기하고 난 뒤 떨어진 가지를 보면 버리기가 아깝습니다. 꽃병에 예쁜 가지를 모아 물꽂이 해두기도 하고, 흙에 꽂아서 뿌리내리기를 시도해 보기도 합니다. 어쩌다 성공하면 왠지 화원에서 식물을 사는 게 아까워집니다. 번식을 잘할 수 있으면 주변에 선물도 하고, 팔 수도 있지 않을까요?

꺾꽂이

가지나 잎을 잘라낸 후 다시 심어서 식물을 얻어내는 번식 방법으로, 물꽂이와 흙꽂이가 있습니다.

물꽂이는 말 그대로 물에 꽂아 뿌리를 받는 번식 방법입니다. 가장 쉬운 방법의 하나지만, 목질화된 줄기가 아닌 초록색 줄기가 더 쉽습니다.

물은 수돗물을 바로 받아서 써도 괜찮지만, 약한 개체면 미리 물을 받아 6시간 정도 염소를 날린 후 사용해도 좋습니다. 잎이 물에 닿지 않도록 최소한으로만 남긴 후 줄기 부분만 물에 넣은 뒤 햇빛이 직접 들지 않는 밝은 곳에 둡니다. 자주 오가며 확인할 수 있고 물도 쉽게 갈아줄 수 있는 주방에 둘 것을 추천합니다. 뿌리는 어두운 곳에서 잘 나기 때문에 어두운 용기가 유리하지만, 물을 제때 갈아주는 것이 더 중요하므로 투명한 용기를 사용하는 것이 좋습니다. 자주 갈아줄 수 있다면 갈색의 드링크제 병을 사용하기도 합니다. 물이 뿌옇게 변하기 전에 물을 자주 교체해 주면서 기다리면 뿌리가 나는데, 꽂아둔 가지(삽수)와 비교하여 뿌리가 너무 작지 않을 때 (삽수가 크면 뿌리도 어느 정도 많이 난 상태에서 심는 것이 안전합니다.) 화분에 옮겨심어 줍니다. 물에서 뻗어 나온 여린 뿌리는 쉽게 부러지므로, 심을 때 흙에 구멍을 낸 후 흙을 뿌려주듯이 최대한 조심히 덮어가며 심어주어야 실패의 확률을 줄일 수 있습니다.

▲ 물꽂이 흙꽂이

흙꽂이는 물 대신 흙에 꽂는 차이점만 있습니다. 주로 건조한 것을 좋아하는 식물(다육, 제라늄 등)인 경우 흙꽂이가 조금 더 유리하지만, 물꽂이를 못 하는 것은 아닙니다. 초보라면 뿌리내리는 것을 바로 볼 수 있는 물꽂이부터 시작해 봅니다.

공중 취목[고취]

가지 일부분의 껍질을 벗겨내고 흙(또는 이끼)로 감싸주어 공중에서 뿌리를 내린 후 잘라 심는 방법입니다. 꺾꽂이가 어려운 식물에 많이 사용하는 방법입니다. 꺾꽂이는 삽수가 너무 크면 실패할 확률이 높은데, 취목의 경우 큰 나무를 얻을 수 있는 장점이 있어 분재나 과실수에서 많이 사용하는 방법입니다.

공중 취목에서 가장 어려운 부분이 '껍질을 얼마나 벗겨내냐'인 데요, 이론적으로는 겉껍질과 체관까지만 벗겨내야 합니다. 그래야 생명 유지에 필요한 물은 공급받고, 잎에서 만든 양분은 뿌리로 내려가는 길이 막혀 고여있다가 뿌리를 내릴 수 있습니다.

소독된 칼로 갈색의 겉껍질을 벗겨내고 안쪽을 칼로 살살 긁어 줍니다. 수태나 흙으로 긁어낸 부분을 감싸준 뒤 랩으로 (또는 아래 사진처럼 플라스틱 일회용 컵의 뚜껑을 활용해도 좋습니다) 흙(수태)이 흐르지 않게 고정한 후 검은 비닐로 덮어 빛을 차단해줍니다. 이때 물을 넣을 부분은 확보 해야 수분을 계속 공급해 줄 수 있습니다. 나무에 따라 다르지만 대개 한 달 이상 소요되며, 몇 달 후 검은 비닐을 걷었을 때 뿌리가 충분히 보이면, 새 뿌리 아랫부분을 절단하여 화분에 다시 심어줍니다.

▲ 껍질 벗기기

▲ 취목

▲ 뿌리확인   ▲ 정식하기

휘묻이[저취]

　가지를 휘어서 묻는다는 의미로, 줄기가 가늘고 길게 뻗는 식물들은 대부분 잘 됩니다(마삭, 아메리칸블루, 러브체인 등). 줄기 일부를 흙에 잘 묻어주기만 하면 끝입니다. 몇 개월 지난 후 살살 당겨보았을 때 단단히 고정되어 있다면 모체에서 분리할 수 있습니다. 분리하지 않고 같은 화분에서 더 풍성하게 키울 수도 있습니다.

식물을 키우다 보면, 먹거리도 키울 수 있지 않을까 하는 막연한 자신 감이 들 때가 있습니다. 요즘같이 채소가 비싼 시기에는 더욱이 그렇습 니다. 하지만 베란다에서 키우기에는 여러 제약이 있는 것이 사실입니 다. 베란다에서도 키울 수 있는 쉬운 텃밭 작물을 소개합니다.

파

가장 난도가 낮은 작물로, 대파나 쪽파를 살 때 뿌리가 달린 것으로 사 서 손가락 두 마디 정도의 길이로 잘라줍니다. 자른 단면까지 덮이지 않 도록 심어주면 단면 위로 초록 파가 나는 것을 볼 수 있습니다. 하루가 다 르게 쑥쑥 크는 모습을 보는 재미도 보고 수확해서 먹을 수도 있으니 일 석이조입니다. 여러 번 수확해서 먹은 뒤에는 성장세가 눈에 띄게 줄어들 게 되는데, 새 뿌리로 교체해 주세요.

치커리 & 상추

성장이 빨라 자주 수확이 가능하고 비교적 작은 화분에서도 잘 자라 서 베란다에서 키울 수 있습니다. 다만 상추 종류도 햇빛을 많이 필요로 하므로 해가 잘 드는 곳에 두거나 식물등의 도움을 받는 것이 좋습니다. 15~30도에서 잘 자란다고 하는데, 너무 높은 온도가 계속되면 녹아 없어 지기도 합니다. 15~25도 사이가 가장 좋습니다. 너무 더워지기 전 4~5월 이나, 추워지기 전 10~11월경이 베란다 텃밭 가꾸기에 좋습니다.

바질

있으면 좋은데, 매번 사기는 부담스러운 바질, 베란다 텃밭에서 의외로 잘 자라는 식물 중 하나이니 베란다 텃밭에서 키워보세요. 본잎이 6장 이상 나면 아랫잎부터 수확하면 됩니다. 키가 어느 정도 자라면 가장 윗잎 생장점을 잘라내어

▲ 바질

가지가 양쪽으로 자랄 수 있도록 해줍니다. 그러면 잎이 더 풍성해지고, 수확도 더 많이 할 수 있습니다.

앉은뱅이 방울토마토

일반 방울토마토는 키가 많이 크는 식물로 베란다에서 키우기에 버거울 수 있습니다. 실내에서 키운다면 앉은뱅이 토마토를 추천합니다. 가지와 가지 사이로 자라는 곁순을 수시로 제거해 주고, 첫 꽃대는 아깝더라도 잘라주어야 더 많은 열매를 얻을 수 있습니다. 갓 딴 방울토마토에서 나는 싱그러운 향기를 느껴볼 수 있습니다.

▲ 앉은뱅이 방울토마토

레몬나무

　꽃도 잘 피고 향기도 달큰한 레몬 향이 나서 관상용으로도 좋은 레몬은 1미터 이상의 나무를 사면 금방 레몬을 수확할 수 있습니다. 하얀 꽃잎이 떨어지면 꽃술 밑에 작은 초록 알맹이가 있는데, 이것이 레몬입니다. 너무 많은 열매가 열리면 과실이 충분히 자라지 못하므로, 큰 열매 몇 개만 남기고 모두 따주어야 합니다. 특히 한 가지에 여러 개가 달리지 않도록 솎아줍니다. 해가 잘 들고 통풍이 잘되는 곳에 두고, 5도 이하에서는 월동이 어려우므로 베란다에 있다면 겨울에는 실내로 들여야 합니다.

▲ 레몬나무

무화과*

▲ 무화과*

이름대로 꽃이 없이 열매 맺는 이 나무는, 잎이 특이하게 생겨 관상용으로도 좋은 식물입니다. 아열대 식물로 더운 여름 날씨에 강하고 햇빛을 좋아하지만, 베란다의 부족한 햇빛에서도 생각보다 잘 자라는 식물입니다. 작은 나무에서도 별다른 노력 없이 늦여름쯤이면 열매를 수확할 수 있지만, 사 먹는 무화과에 비해 과실이 작습니다. 큰 과실을 얻으려면 나무도 커야 하고, 충분한 빛과 비료가 필요합니다. 크기는 작아도 그 맛은 사 먹는 것 못지않으니 한번 도전해 보세요. 무화과도 레몬 나무와 같이 한꺼번에 너무 많은 열매가 달리지 않도록 솎아주고, 겨울에는 5도 이하로 떨어지지 않도록 주의합니다.

* 무화과 : 무화과를 한자로 풀이하면 無花果인데, 사실은 과일이 아니라 꽃이라고 합니다.

식물을 키우는 사람은 누구보다 계절이 바뀌는 것을 빨리 알아챌 수 있습니다. 농부는 가을 수확을 위해 봄부터 부지런히 준비하죠. 식집사도 베란다에 봄꽃 잔치를 하려면, 가을부터 준비해야 합니다. 바로 '구근 심기'입니다. 구근이란 흔히 아는 씨앗이 아닌 양파나 마늘 같은 알뿌리를 일컫는 이름입니다. 통통한 구근에 꽃을 피울 양분을 다 가지고 있으므로, 별다른 노력 없이 김장독 묻듯 흙 속에 묻어놓고 잊어버리고 있으면 약속한 것처럼 봄에 나타나 화려한 꽃으로 식집사를 설레게 합니다. 식집사라면 놓칠 수 없는 계절 이벤트니, 꼭 한번 도전해 보세요.

추식구근(가을에 심고 봄에 꽃을 보는 식물)은 튤립, 히아신스, 수선화, 무스카리, 프리지어, 알리움, 작약 등 화려한 꽃들이 많습니다. 10월 중순부터 심기 시작하는데, 환경에 따라 1월 말에 심어도 괜찮습니다. 베란다가 따뜻한 남향이라면 오히려 늦게 심는 것이 성공률이 더 높습니다.

구근은 인터넷에서도 쉽게 구할 수 있지만, 가을에 화원에 가면 직접 골라서 살 수 있습니다. 곰팡이가 슬지 않고 상처가 없는 단단한 구근을 고르세요. 바로 심지 않고 보관했다가 심는다면, 양파망에 넣어서 통풍이 잘되는 곳에 걸어두면 됩니다. 냉장고에 보관하라는 인터넷 글도 본 적 있습니다. 구근은 추운 겨울을 나야 꽃을 피우니 냉장고에서 겨울 환경을 만들라는 의미이니 틀린 말은 아닙니다. 하지만 요즘 판매되는 구근들은 이미 저온처리가 되어있으니, 냉장고에 넣지 않아도 괜찮습니다.

심기 전 겉껍질을 까서 소독하는 식집사도 많이 있는데, 꼭 필요한 과정은 아닙니다. 껍질을 까보면 큰 구근 밑에 '자구'라고 부르는 작은 구근들이 붙어있는데, 꽃대는 올리지 못하고 잎만 나서 영양분을 빼앗기지 않으려면 떼주는 것이 좋습니다. 이것도 필수는 아닙니다. 영양분과 수분을 가지고 있는 씨앗이라 양분이 많은 흙이나 배수가 잘 안되는 흙은 구근을 썩게 합니다. 양분이 많은 배양토보다는 상토에 마사토 소립이나 펄라이트를 섞어서 심어주는 것이 더 좋습니다. 튤립이나 알리움, 작약은 뿌리가 크고 꽃대가 길기 때문에 깊고 큰 화분을 고르는 것이 좋고, 수선화, 무스카리, 히아신스는 얇은 화분도 괜찮습니다.

▲ 구근 심기

심을 때는 화분에 흙을 넣고 뾰족한 꼭지가 위로 올라가게 올려준 후 흙을 다시 덮어주고 물을 주면 끝입니다. 화단에 심는다면 꼭지 위로 한 뼘 정도 흙을 덮어주어야 하지만, 베란다에서는 그렇게까지 깊이 심을 필요는 없습니다. 꼭지를 살짝 덮는 정도로 심어줘도 충분합니다. 그보다 얇게 심으면 꽃이 무거워서 쓰러질 수도 있습니다.

심은 후 통풍이 잘되고 시원한 장소에 가만히 두고 겨울잠을 재워줍니다. 햇빛을 쬐어 줄 필요도 없고 물을 줄 필요도

▲ 구근 싹

없습니다. 북향 베란다(주방 베란다, 다용도실 등)가 있다면 최적의 장소입니다. 겨울이 끝나갈 무렵 양파 싹 같은 촉이 보이면 해가 드는 곳으로 옮겨주세요. 햇빛을 보면 하루만 지나도 키가 자란 게 눈에 보일 정도로 쑥쑥 자랍니다. 싹이 난 후에는 물을 겉흙이 마르면 줍니다. 물보다 중요한 것은 온도입니다. 5도~20도 정도의 온도 범위 내에 있는지 확인해야 합니다. 남향 베란다에서는 문을 닫고 있으면 2월에도 오후에는 20도를 넘는 일이 많습니다. 온도가 너무 높으면 잎이 누렇게 뜨면서 구근이 썩기 쉽습니다.

튤립의 경우 귤처럼 조생종, 중생종, 만생종이 있어서 동시에 심더라도 품종에 따라 꽃이 피는 시기가 조금씩 다르니, 한 화분에 꽃이 가득 피기를 원한다면 구분해서 심어주세요. 베란다에서는 조생종이 실패 확률이 낮습니다. 만생종은 꽃이 피기 전에 무르는 경우가 많거든요.

▲ 튤립 군단1

▲ 튤립과 무스카리

▲ 튤립 군단2

구근에 익숙해지면 구근의 피는 시기와 키를 고려해서 섞어서 심어보세요. 나만의 특별한 구근 화분을 만들 수 있습니다.

베란다 꽃 잔치가 끝나고 꽃잎이 떨어지면, 꽃대를 자르고 구근을 캐서 버려야 합니다. 잎이 다 시들 때까지 묵혀뒀다 캐내어 잘 보관하면 다음 해에도 심을 수 있지만, 꽃이 안 날 수도 있고, 나더라도 첫해보다 훨씬 작게 핍니다. 꽃이 질 때쯤이면 이미 온도가 높아 대부분 썩어있을 확률이 높으므로, 바로 캐서 버리고 다음 해에 새 구근을 사는 것을 권합니다.

▲ 작약 새순

▲ 해 질 녘 작약

작약이나 알리움과 같은 숙근(다년생)은 꽃이 떨어진 후 줄기를 다 자르고 내버려두면 그다음 해 봄에 다시 새순을 냅니다. 작약과 알리움은 최소 50cm 이상 크기 때문에 베란다에서 키운다면 충분한 공간과 깊이가 깊은 대형화분이 필요합니다.

추식구근과 반대로 봄에 심어 가을에 꽃을 볼 수 있는 춘식구근도 있습니다. 대표적으로 카라, 백합, 다알리아, 구근 베고니아 등입니다. 카라나 백합의 경우는 작약처럼 크게 자라므로, 큰 화분이 부담스럽다면 구근 베고니아를 추천합니다. 구근의 움푹 들어간 부분이 위로 오도록 화분 위에 올려놓고, 흙을 살짝 뿌려 토양 표면에서 1~2cm 정도로 얕게 심습니다. 과습을 싫어하는 식물이라 화분도 다른 식물에 비해 작게 쓰는 것이 좋습니다. 흙도 녹소토, 마사, 펄라이트 등을 섞어 배수에 신경써 주세요. 춘식구근은 보통 추식구근에 비해 높은 온도를 잘 견디지만, 베고니아는 높은 온도와 강한 빛에 약합니다. 한여름에는 빛이 덜 드는 곳으로 옮겨주면 여름에도 오래도록 화려한 꽃을 감상할 수 있습니다.

부지런한 식집사는 추식구근 꽃이 지면 캐내고 그 화분에 춘식구근을 심습니다. 공간과의 싸움인 베란다 가드닝에 이보다 매력적인 식물이 또 있을까요?

06

식집사의 인테리어,
플랜테리어

　'플랜테리어'란 '플랜트(Plant)' + '인테리어(Interior)'의 합성어로 식물을 인테리어의 요소로 활용하는 것입니다. 이름만 들으면 거창해 보이지만, 식집사라면 당연히 식물이 집에 있으니 우리는 이미 플렌테리어를 한 셈입니다. 이번 장에서는 플랜테리어의 효과와 내 식물이 있는 공간을 돋보이게 하는 몇 가지 사소한 꿀팁을 알려드리려고 합니다.

아주 오래전부터 정원(혹은 중정)조경을 많이 해왔지만, 2000년대 들어서 플랜테리어라는 이름으로 실내 조경이 유행을 타기 시작했습니다. 유행은 돌고 도는 것이라지만 왜 다시 붐이 일기 시작했을까요?

∨ 존재감 있는 화분 하나로 공간이 고급스러워집니다.

대형 화분을 놓으면 공간이 갑자기 고급스럽게 변합니다. 고급스러움을 뽐내는 호텔이나, 식당, 카페에 가면 꼭 대형 화분이 있는 이유죠. 인테리어 포인트가 되면서도 실내에서 키우기 쉬운 대형 식물을 추천해 드리겠습니다.

반그늘의 실내라면 떡갈고무나무, 여인초, 황칠나무, 드라코, 몬스테라, 산세베리아 등이 있습니다.

해가 잘 드는 창가라면 올리브나무, 여인초, 뱅갈고무나무, 녹보수, 해피트리, 유주나무(사계귤), 선인장류(가시 없는 선인장 청산호나 만세선인장 등)를 추천합니다.

내 공간의 분위기에 맞는 식물을 고를 수 있도록 다양한 모양의 식물들을 나열했습니다. 하나만 두어도 기대 이상의 인테리어 효과를 볼 수 있습니다. 실내에서 화분으로 키우기 쉬운 식물이지만 살아있는 생명체이니, 너무 어두운 곳은 피하고 자주 통풍을 시켜야 합니다. 대형화분은 너무 좁은 공간에 넣으면 답답해 보여 오히려 인테리어를 해칠 수 있습니다. 널찍하고 단정한 곳에 하나씩만 두어 뽐낼 수 있게 해 줍니다.

✔ 삭막한 공간에 생기를 불어넣어 줍니다.

딱딱한 분위기의 사무실이나 콘크리트 마감이 그대로 있는 거친 느낌의 공간(인더스트리얼 인테리어)에 화분이 있으면, 자연스러움과 부드러운 무드를 주어 공간이 주는 긴장감을 풀어줄 수 있습니다. 이런 곳에 두기 좋은 식물에는 아이비, 마삭, 피쉬본 선인장, 틸란드시아, 스파티필룸, 고사리류, 페페류, 호야 등이 있습니다.

✔ 공간에 있는 사람에게 위로와 힐링이 됩니다.

1인 가구가 늘어가면서 반려 동물, 반려 식물을 찾는 사람이 많아졌습니다. 사람이 주는 위로와는 또 다른 그들만의 무언의 위로가 어쩌면 더 와닿을 때가 있을지도 모릅니다.

기분이 우울하고 동굴로 숨고 싶어질 때가 오면, 창문을 활짝 열고 눈앞의 반려 식물을 보세요. 바람에 산들거리는 모습을 멍하게 보고 있노라면 근심과 우울감도 점점 가벼워지는 듯한 느낌이 듭니다. 햇빛에 반짝이는 잎은 번잡했던 마음을 가라앉혀주죠.

플랜테리어로 향기 좋은 식물을 들이면, 아로마테라피까지 함께 할 수 있습니다. 향기는 뇌에 직접 작용하여 기분 전환에 아주 효과적입니다. 더 깊이 향을 느끼고 싶다면 잎을 손으로 가만히 쓸어보세요, 숨을 깊이 들이마시면서 몸속에 향기가 가득 채워지고, 가라앉은 마음에 활기가 돕니다.

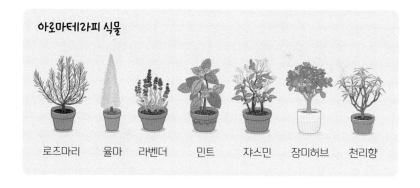

아로마테라피 식물

로즈마리   율마   라벤더   민트   쟈스민   장미허브   천리향

향기 있는 식물들은 보통 햇빛과 바람을 많이 필요로 합니다(장미허브 제외, 화장실에서도 키울 수 있습니다). 향기 있는 식물을 놓고 싶다면 햇빛이 있고 바람이 잘 통하는 곳에 배치해 줍니다. 그런 공간이 없다면 장미 허브를 고르세요. 향기가 있지만 예외적으로 화장실에서도 잘 자라는 식물입니다.

실내에 놓은 식물은 공기정화 기능도 있습니다. 미국항공우주국(NASA)에서 우주 공간에 밀폐된 우주선 안의 공기를 정화시키기 위해 오랫동안 연구한 결과 최첨단 기술보다 식물을 놓는 것이 가장 효과적이다는 결론을 내렸다고 합니다.

NASA가 선정한 공기정화식물

아레카야자　관음죽　대나무야자　인도고무나무　황금죽

화분만 놓아도 멋진 플랜테리어를 할 수 있지만, 소품을 잘 활용하면 나만의 특별한 플랜테리어를 할 수 있습니다.

테라리움

라틴어 Terra (땅) + Arium (공간)의 합성어로 유리 용기 안에 식물과 흙으로 만든 작은 생태계를 일컫는 말입니다. 밀폐형과 개방형 두 가지로 나뉘는데, 특성이 달라 관리법이나 심는 식물이 다르므로 맞는 방식을 잘 골라야 합니다.

밀폐형

▲ 밀폐형 테라리움

유리 용기 내에서 물과 공기가 자연 순환되는 방식으로 식물이 성장합니다. 환기가 잘 안되고 습한 만큼, 높은 공중 습도를 좋아하는 식물을 사용합니다. 빠르게 성장하는 식물을 심으면 한정된 공간에서 관리가 어려울 수 있으니 생장 속도가 더딘 식물로 골라줍니다. 습도가 높으니 물 주는 횟수가 적어 손쉽게 기를 수 있지만, 곰팡이를 피하려면 만들 때 배수를 잘 고려해야 하며, 2~3일에 한 번 이상은 환기해야 합니다. 밀폐형 추천 식물은 꼬리이끼, 비단

이끼 등 습한 것을 좋아하는 이끼, 고사리, 난초 등이 있습니다.

개방형

한 면 이상 개방된 용기를 사용하여 공기가 통하기에 밀폐형에 비해 식물 선택의 폭이 좀 더 넓습니다. 하지만 햇빛과 습도 유지에 좀 더 신경 써 주어야 합니다. 추천 식물에는 서리이끼, 깃털이끼 등 건조에

▲ 개방형 테라리움

강한 이끼, 소형 다육식물, 틸란드시아, 싱고니움 등이 있습니다.

테라리움은 만드는 재미도 있고 키우기도 쉬우며 조명과 함께 배치하여 인테리어 효과도 톡톡히 볼 수 있습니다. 좋아하는 피규어를 넣어 나의 개성을 더 살릴 수도 있죠. 작은 생물을 넣어 비바리움을 만들거나, 물생활(물고기 키우는 취미)을 하는 사람이라면 팔루다리움을 만들기도 합니다. 요즘은 DIY 키트도 많이 나와 있으니 도전해 봅니다.

걸이대를 활용한 행잉 · 월 플랜트

심심한 벽에 액자 대신 식물을 걸어두면 멋진 플랜테리어가 됩니다. 바닥 공간을 차지하지 않아 좁은 공간에서도 쉽게 가꿀 수 있는 장점도 있습니다. 그 방법도 가지각색인데요, 분위기에 맞게 걸이대를 활용할 수 있습니다.

∨ 행잉 플랜트

주로 잎이 아래로 흐르는 식물들을 키울 때
벽이나 창문에 걸이대를 설치해서 높은 곳에 걸
어두는 방법입니다. 꼭 흐르는 식물이 아니더라
도 잘 배치하면 멋스러운 행잉화분을 만들 수
있습니다. 창가에 걸어두면 식물이 빛도 더 많
이 받을 수 있어서 일석이조입니다. 걸기 전 반

▲ 마크라메 행잉

드시 무게를 견딜 수 있는지 확인 후 걸어주세요. 벽이나 천장이 손상될
수도 있고, 화분이 깨지거나 사람 위로 떨어져서 다칠 수도 있습니다. 물
을 줄 때는 걸이대에서 내려서 물을 준 뒤 화분 구멍으로 물이 다 빠진 후
에 다시 걸어줍니다. 걸어둔 상태에서 물을 주면 물 무게가 추가되어 걸
이대가 견디지 못할 수도 있습니다. 흙탕물이 튀어 벽을 더럽히기도 합
니다. 추천 식물에는 아이비, 러브체인, 틸란드시아, 립살리스, 푸미라 등
이 있습니다.

∨ 월 플랜트

담쟁이덩굴이 벽이나 담장을 운치 있게 감싼 모습을 내 집 거실 벽에
도 만들 수 있습니다. 메시 망 등의 구조물을 벽에 설치해서 덩굴식물이
자연스럽게 타고 갈 수 있도록 만들 수도 있고, 구조물 대신 투명 전선
용 클립을 벽에 붙여서 줄기를 벽에 고정해서 원하는 모양을 만들어 줄
수도 있습니다.

✔ 선반을 활용한 간편 플랜테리어

걸이대나 월 플랜트가 부담스럽다면, 선반을 활용해 봅니다. 식물 배치를 위해 새로 사기보다는 잘 사용하지 않는 수납장, 책꽂이, 의자, 선반 등 어떤 것을 활용하셔도 됩니다. 스피커도 훌륭한 선반이 됩니다.

인테리어의 마무리는 조명이라고 해도 과언이 아닙니다. 어떤 색감의 조명을 어디에 배치하느냐에 따라 화룡점정이 될 수도, 다 된밥에 재 뿌리기가 될 수도 있죠.

식집사라면, 인테리어 조명으로 식물등을 적극 활용해보세요. 식물등 자체로도 인테리어 효과가 있지만, 화분을 배치하는데 햇빛이라는 제약을 어느 정도 보완합니다. 햇빛이 거의 없는 전실이나 집 복도 공간에 식물을 식물등과 함께 배치하면, 인테리어적으로 포인트를 만들면서도 식물이 광합성을 할 수 있는 광원이 될 수 있습니다.

식물등을 검색해 보시면, 종류가 아주 많습니다. 어떤 것을 골라야 할지 고민하는 식초보를 위해 고려해야 할 사항 몇 가지를 설명해 드리겠습니다.

첫째, PPFD 값입니다. * 45°일 때 거리가 2배면 PPFD 값은 1/4배가 됩니다.

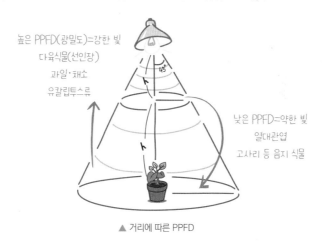

높은 PPFD(광밀도)=강한 빛
다육식물(선인장)
과일·채소
유칼립투스류

45°

낮은 PPFD=약한 빛
열대관엽
고사리 등 음지 식물

▲ 거리에 따른 PPFD

식물은 저마다 필요로 하는 광량이 다릅니다. 그리고 같은 조명을 쓴다고 하더라도 광원과 식물의 거리에 따라 도달하는 빛의 양은 다르겠죠. 이 복잡한 조건을 비교하기 쉽게 만들어주는 지표가 있습니다. 바로 PPFD값입니다.

PPFD란 Photosynthetic Photon Flux Density의 약자로, 1의 공간에 1초동안 도달하는 광 입자량 밀도 (단위 : μmol · m² · s)라고 할 수 있습니다. 보통 빛의 단위는 럭스(lux)를 많이 사용하는데, 럭스는 순수한 빛의 세기 기준을 말한다면, PPFD는 광자의 수를 나타내서 식물의 광합성 효율을 더 잘 나타내 줍니다. 같은 식물등이라도, 식물등과 식물의 거리에 따라 PPFD 값이 달라지니, 같은 거리 기준에서의 PPFD값을 비교해야 합니다. 숫자가 높을수록 유효한 빛의 양이 많습니다.

내 식물이 빛을 얼마나 필요로 하는지를 알아야 적당한 식물등과 설치 거리를 가늠해 볼 수 있는데요. 그러려면 조금 생소한 단어들의 의미를 이해하면 도움이 됩니다.

식초보를 위한 용어 정리

광보상점 : 식물 성장이 일어나는 최소 조건
광포화점 : 광합성이 더 이상 일어나지 않는 지점

식물등을 썼을 때 최소 광보상점은 넘어야 하며, 광포화점 이상의 빛은 무의미하다는 것을 알 수 있습니다. 식물이 안정적으로 생장하고 자라는데 적절한 PPFD값은 광보상점 대비 약 3배 정도라고 합니다.

PPFD 값이 비슷한 식물등끼리 비교한다면, 다음으로 고려해야 할 사항은 빛의 색깔(파장)입니다. 전력량도 중요한 비교 대상이지만, 요즈음 LED 식물등은 전기세에 큰 영향을 미치지 않으므로 넘어가겠습니다.

둘째, 빛의 색깔

식물등을 검색해 보면 알록달록한 색의 여러 가지 등이 있습니다. 파장에 따라 식물에 미치는 영향이 조금씩 다르기 때문에 식물의 특성, 목적에 따라 해당 파장을 가지고 있는 식물등을 고르면 됩니다.

✔ 식물등 색(파장) 효과

· 적색 : 광합성 활동 촉진 · 꽃의 개화 및 열매의 성장
· 황색 : 해충에 강해짐
· 녹색 : 그늘진 잎의 성장
· 청색 : 엽록소 형성 촉진 · 식물의 생장을 도와 잎이 튼튼해짐

알록달록한 식물등을 쓰면 식물에는 도움이 되겠지만, 우리 집의 인테리어에는 그다지 도움이 되지 않습니다(켜자마자 우리 집이 정육점이 되는 마법을 볼 수 있습니다).

그래서 요즘은 다양한 파장을 섞어 일반 형광등과 비슷한 백색광을 내면서도 광합성에 필요한 파장을 두루 지원하는 식물등을 쓰거나, 필요에 따라 스위치로 색깔을 바꿀 수 있는 식물등을 많이 사용합니다.

셋째, 식물등의 모양

보통 바(Bar) 형태거나 알전구 모양인데요, 선반 타입의 화분대에 작은 화분을 많이 놓아두었다면 바 형태가 선반에 붙여서 사용하기 편리합니다.

대형 식물이라면 화분 옆에 알전구를 키 큰 스탠드에 설치할 수 있고, 방 안 테이블 위에 작은 화분 몇 개를 놓아두셨다면, 우산 모양의 스탠드 밑에 옹기종기 놓아두어도 좋습니다. 거실 창가 커튼 박스에 식물등으로 레일을 설치하는 식집사도 많이 있습니다.

넷째, 타이머 유무

식물도 잠을 잡니다. 대부분은 보통 8~12시간의 어두운 환경이 필요해요. 식물등을 온종일 켜놓지 않도록 주의해야 합니다.

식물등의 기능 중에 타이머가 있는 제품들이 있습니다. 껐다 켰다하는 수고를 들이고 싶지 않다면 이 기능이 있는지 확인해야 합니다.

봄의 색, 노랑 : 애니시다, 마거릿

∨ 봄철식물 1. 애니시다(양골담초)

애니시다는 이른 봄 화원에 가면 이게 무슨 냄새지? 하게 만드는 향기로 먼저 식집사를 사로잡고, 노란 꽃이 다글다글 피는 모습으로 또 한 번 식집사를 설레게 하는 꽃나무입니다. 애니시다라고 많이 유통되지만, 본명은 양골담초로, 서양에서 온 골담초입니다.

해와 바람을 매우 좋아하는 식물이라 베란다에서는 가장 명당인 해가 잘 드는 창가에 두고 키워야 합니다. 꽃이 피는 봄철 베란다 문을 열면, 창가에 있는 애니시다의 레몬 향이 정말 좋습니다. 매우 빨리 자라는 속성수로, 분갈이만 제때 하면 한 뼘 정도의 작은 나무에서 큰 화분으로도 키울 수 있습니다.

빨리 자라는 만큼 가지치기기를 자주 해줘야 하며, 그래야 봄철 풍성한 꽃나무를 만들 수 있습니다. 초봄까지는 가지치기를 계속하다가 꽃눈이 보이면 가지치기를 멈춰주세요. 꽃은 베란다 온도에 따라 다르지만 4~5월 정도에 만개합니다. 꽃이 떨어지고 나면 그때 다시 가지치기 하면서 수형을 다듬어 줍니다.

응애가 매우 좋아하는 식물이라 통풍이 불량하지 않도록 잔가지를 자주 솎아주어야 합니다. 물을 좋아하는 식물이기도 해서 자주 돌봐줘야 하지만, 관리를 어떻게 하는지에 따라 결과가 바로바로 드러나 키우는 재미도 있습니다. 봄철 흐드러진 예쁜 꽃과 향기를 맡으면 분명 키우길 잘했다고 생각할 거예요.

▲ 목 마거릿

▲ 애니시다

✔봄철 식물 2. 목 마거릿

나무처럼 자라는 마거릿이라 목 마거릿이라 이름 붙여진 이 나무는 다년생 야생화인데, 베란다에서도 잘 자라는 꽃입니다. 데이지와 매우 닮았지만 잎을 보면 구분이 가능합니다. 마거릿의 잎은 통통한 쑥갓 같은 모습입니다. 데이지는 쑥갓과는 확연히 다른 모습입니다.

봄을 대표하는 관상화에 걸맞게, 품종개량이 많이 되어 요즘에는 다양한 색의 마거릿을 볼 수 있습니다.

추천하는 이유 중 하나는 이 꽃은 개화기간이 긴 편이고 꽃이 자주 핀다는 점입니다. 보통 3~6월까지 피는데, 시든 꽃을 잘라주면 또 그다음 꽃이 피는 기특한 식물입니다. 다른 꽃나무에 비해 병충해에 강한 편인 것도 장점 중 하나입니다.

봄이 지나고 여름이 되면 잎이 누레지면서 눈에 띄게 힘들어하는데요, 적정 온도가 15~25도 정도로 서늘한 것을 좋아하는 식물입니다. 한여름이 되면 서늘한 곳에서 쉴 수 있게 해주면, 가을에 또 작은 꽃을 피워준답니다. 겨울 베란다 월동도 무난하게 잘 보내는 편이며 겨울에는 물을 자주 주지 않아도 괜찮습니다. 어느 날 꽃망울이 맺힌 것을 발견하면 곧 봄이 온다는 신호랍니다.

5월의 색, 분홍: 장미, 제라늄

봄을 하나의 색으로 정의하기는 너무 어렵습니다. 핑크를 빼놓을 수 없죠. 분홍 꽃은 너무 많지만, 식집사의 로망 장미와 식집사라면 누구나 하나쯤은 있을 법한 제라늄을 소개해 드리겠습니다.

∨ 5월의 장미, 오스틴 장미

꽃집에서 눈이라도 마주치게 되면 어쩔 수 없이 사로잡히고 마는 장미, 집에 데려가고 싶은 마음이 굴뚝같아집니다.

하지만, 장미는 사실 베란다에서 키우기 굉장히 까다로운 식물입니다. 응애나 흰가루병은 거의 동반자죠. 햇빛, 바람, 물 세 가지가 모두 많이 필요합니다. 그중에서도 키우기 그나마 쉬운 장미를 소개해 드릴게요. 데이비드 오스틴 장미입니다.

장미는 오랫동안 많은 사람들에게 사랑 받은 만큼, 1800년대부터 품종개량이 활발히 이뤄졌습니다. 장미의 품종 개발은 품종 보호법을 인정받는 하나의 큰 산업입니다. 국제 식물 신품종 보호 동맹(UPOV, International Union for the Protection of New Varieties of Plants) 규정에 의거, 등록된 품종은 타인의 표절이 금지되며, 등록자만이 신품종의 모든 권리를 가지고, 품종묘가 판매될 때마다 로열티를 받습니다. 영국에서는 장미가 왕실의 상징으로 자리 잡게 되면서 육종산업이 발전했는데, 대표적인 선두주자가 바로 데이비드 오스틴사(David Austin Ltd.,)입니다. 현재까지 200종이 넘는 품종을 보유하고 있습니다.

주로 정원에서 키우는 장미를 개발해서 실내에서 키우기에는 부담스러운 크기가 대부분이지만, 꽃집에서 일반적으로 저렴하게 판매하는 사계장미나 미니장미보다 병충해에 훨씬 강합니다. 꽃이 더 크니 더 탐스럽고 예쁜 것은 당연한 이야기겠죠.

데이비드 오스틴 로고가 찍힌 큰 플라스틱 포트 상태로 구매하면 바로 분갈이를 해주는 것이 좋습니다. 화분의 크기는 최소 15L 이상 되는 큰 화분을 써야 합니다. 오스틴 사에서 추천하는 크기는 20L 이상이지만,

한국의 실내 베란다 환경을 생각해 보면 통풍이 불리한 경우가 많아서 한꺼번에 20L 이상을 쓰면 과습의 위험이 있습니다. 만약 옥상이나 정원에서 키운다면 가이드대로 큰 화분을 쓰는 것이 좋습니다(참고로, 오스틴 사 플라스틱 분이 6L입니다). 분갈이 흙은 배양토에 배수를 위해 펄라이트를 좀 더 섞어주는 것을 추천합니다.

분갈이 후 새 흙에 적응하고 뿌리를 내리는 데 성공하면, 본격적으로 새잎을 냅니다. 이때 개화용 액비를 물에 타서 주면 꽃망울을 맺는 데 도움이 됩니다. 어느 날, 뾰족한 꽃망울을 발견하면, 그때부터는 매일매일 몽우리가 부풀어 오르는 것을 지켜봅니다. 만개했을 때도 아름답지만, 꽃망울도 참 예쁩니다.

대부분의 오스틴 품종이 일반 장미보다 병충해에 강하지만, 그중에서도 데이비드 오스틴이 딸의 이름을 붙여 만든 '올리비아 로즈 오스틴 장미'는 특히 튼튼하고 아름다우며, 향기까지 좋습니다. 식집사들 사이에서는 오스틴 품종 중에 가족 이름을 붙인 장미는 실패가 없다는 이야기까지 있습니다. 사랑하는 딸의 이름이라니, 말해 무엇하겠어요.

◀ 꽃몽오리

▲ 오스틴장미

✔ 봄 핑크, 제라늄

제라늄은 키우기도 쉽고 삽목 번식이 잘 되며 꽃을 자주 피워서 식집사라면 하나쯤은 있는 식물입니다. 제라늄도 그 종류가 매우 다양하고 핑크 제라늄도 그만큼 많은 색감의 핑크가 있지만, 그중에서도 두 가지 느낌의 핑크 제라늄을 소개합니다.

말린 장미 같은 빈티지 느낌의 유럽 장미 제라늄과 진달래꽃이 생각나는 진분홍 실버퀵 제라늄입니다. 꽃은 조금 다르게 생겼지만, 솜털이 있는 프릴장식 같은 동그란 잎 모양과 통통한 줄기의 형태는 거의 비슷합니다. 키우는 방법도 똑같습니다.

제라늄은 줄기와 잎에 물을 많이 가지고 있어 건조에 강합니다. 과습에 취약하다는 뜻이기도 합니다. 제라늄은 키우기 쉬운 식물이지만 무름병을 가장 조심해야 합니다. 물은 겉흙이 완전히 말랐을 때 주고, 식물의 크기에 비해 조금 작은 화분에 심는 것이 좋습니다. 꽃을 자주 피우는 식물이니 햇빛을 좋아합니다. 최대한 햇빛이 잘 드는 창가에서 키워야 합니다. 햇빛이 충분하면 잎에 띠가 생기기도 합니다. 그것도 제라늄의 매력 중에 하나죠.

▲ 유럽 장미 제라늄

▲ 실버퀵 제라늄

여름의 색, 파랑 : 수국[장마철], 아메리칸 블루

✔ 여름 식물 1. 수국

수국을 한자어로 쓰면 水菊입니다. 그만큼 물을 좋아하는 식물입니다. 자생지가 동아시아로, 우리나라에서는 주로 남쪽에 많이 있습니다. 초여름에서 장마즈음, 부산 태종대나 거제도, 제주도의 해안도로는 수국으로 뒤덮습니다. 높이가 약 1미터 정도에 얼굴만큼 큰 꽃 볼을 자랑하는데, 일본에서 품종개량을 많이 하여 화분에서도 다양한 종류의 수국을 키울 수 있게 되었습니다.

수국의 또 다른 특징으로는 꽃의 색으로 토양의 pH를 확인할 수 있다는 점입니다. 꽃이 피기 시작할 때는 연두색이다가, pH6~6.5 정도에서 핑크색, pH4.5 정도의 산성토에서는 푸른색을 띱니다. 꽃 안에 있는 델피니딘(Delphinidin)이라는 색소 때문인데요, 이 색소는 흙에서 흡수된 알루미늄 이온과 결합하면 파란색, 그대로 있으면 분홍색이 됩니다. 흙이 산성이면 알루미늄 이온이 뿌리로 흡수되어 델피니딘과 결합하지만, 염기성이면 흙 속 수산화 이온(OH-)과 결합해 물에 녹지 않는 앙금이 되어버려 뿌리가 흡수하지 못합니다.

이 원리를 이용하여 수국의 꽃 색깔을 바꿀 수 있습니다. 파란 꽃을 원한다면 알루미늄 이온을 많이 가진 백반을 사용하면 되는데, 물에 녹여 관수해 주면 됩니다. 반대로, 분홍 꽃을 원한다면 석회 가루를 뿌려 흙의 pH를 높여주면 됩니다. 다만, 이 방법으로는 꽃 색깔을 며칠 만에 바꾸어 주지는 못하고, 그다음 해를 기약해야 합니다. 백반이나 석회가루를 구하는 것이 번거롭다면 수국 색상 발현제를 쓰거나, 파란 수국 전용토(혹은 블루베리 전용토도 파란색을 낼 수 있습니다)를 사용하면 됩니다.

장마철 흐린 날 파란 수국을 보면 날씨처럼 꿉꿉하던 마음이 시원해질 겁니다.

▲ 여름 수국(파랑)　　　　　　　　　▲ 수국(분홍)

✔ 여름 식물 2. 아메리칸 블루

　해와 물을 좋아하는 반덩굴성 식물로, 잎과 줄기에 털이 있어 초록색에 은색이 섞인 묘한 매력이 있습니다. 4~10월까지 꽃을 피워 주로 여름에 꽃을 많이 볼 수 있지만 거의 사계절 꽃을 보여주는 기특한 식물이기도 하죠. 여름에 파란 아메리칸 블루의 꽃을 보면 이온 음료 광고를 보는 느낌도 듭니다. 아침 문안을 하러 베란다에 나가면 반겨주는 꽃은, 채 하루가 가지 않고 그날 저녁이나 다음 날 아침이면 시들어 있습니다. 시든 꽃을 바로 따주어야 꽃이 더 많이 피어납니다. 잎에 털이 있어 물을 위에서 흩뿌려주는 것보다 길쭉한 주둥이가 있는 물뿌리개를 사용하여 흙 바로 위에서 조심히 주어야 하며, 꽃이 많이 피어있을 때는 저면관수도 좋은 방법입니다.

　애니시다 처럼 줄기가 빨리 길어지는데, 가지치기를 자주 해 주면 더 풍성하게 키울 수 있습니다. 물꽂이도 잘 되는 식물이니 물꽂이 병을 식탁 위에 두어 식탁 인테리어도 살리고, 새 화분을 만들어 선물도 할 수 있습니다.

▲ 아메리칸블루

가을의 색, 하양 : 구절초, 폼폼국화

국화과 식물은 베란다 등 실내에서 키우기는 사실 까다로운 식물입니다. 바람과 햇빛, 물 모두 많이 필요로 하거든요. 가을 국화를 집에서도 키우고 싶다면, 그나마 쉬운 폼폼국화나 구절초를 추천합니다. 여건이 된다면 가끔 베란다 밖 걸이대나, 에어컨 실외기 위에서 가을 햇빛에 달달 구워줍니다.

관수 타이밍을 놓치면 금방 꽃이 시들어서, 꽃대가 생긴 상태라면 잠시 저면관수를 활용해도 좋습니다.

가을꽃답게 추위에 강하지만, 화분으로 키울 때는 겨울이 오기 전 베란다 안으로 들여서 월동해야 합니다.

▲ 가을 국화

▲ 구절초

겨울의 색, 빨강 : 동백

봄을 기다리며 겨울잠을 자는 식물이 대부분이지만, 겨울에 오히려 꽃을 피우는 식물도 있습니다. 대표적으로 동백나무가 있습니다.

동백나무는 서해 도서 지역, 남해안 지역, 제주도에서 자생하는 상록 활엽수입니다. 10미터 이상으로 크게 자라는 나무지만, 일본에서 인기가 많아 분재용으로 품종 개발이 많이 되어 겨울철 베란다에서 화분으로 키울 수 있습니다. 꽃 색과 모양이 매우 다양해서 겨울이 되면 종류별로 집에 꽉꽉 채워 넣고 싶을 정도입니다. 꽃나무는 보통 키우기가 어려운 경우가 많은데, 동백나무는 비교적 키우기 쉬워서 식초보도 도전해 봄 직한 식물입니다. 가장 구하기 쉬운 블랙로즈 동백부터 도전해 봅니다.

건조보다는 과습에 취약한 편이라 물을 너무 자주 주지 않도록 하고, 공중 습도가 높은 것을 좋아합니다(자생지가 남해안 바닷가나 섬인 것을 봐도 알 수 있습니다). 꽃망울에 색이 보이기 시작할 때부터는 물을 너무 말리면 꽃이 피지 못하고 떨어지니, 꽃이 피기 직전부터는 물 주기에 조금 더 신경 써주면 좋습니다.

동백 꽃망울은 여름에 맺습니다. 그 꽃망울을 아주 서서히 겨울까지 키워내죠. 꽃망울 맺기 시작할 때 꽃망울이 2개 이상 너무 뭉쳐있으면 조금 솎아내 주는 것이 좋습니다. 너무 뭉쳐서 꽃이 피면 자리가 없어서 꽃이 만개하지 못하고 찌그러져서 피다가 그냥 다 떨어지기도 하기 때문입니다.

거의 반년간 꽃망울을 지켜보다 보면, 처음에는 작았던 꽃망울이 점점 통통해지고, 공처럼 동그랗게 부풀다가 점차 색이 물드는 것을 볼 수 있습니다. 금방이라도 터질 것 같이 부풀어도, 조금만 더 인내심을 가지고 지켜봐 줍니다. '곧 피겠네' 생각한 시점에서 한 달 정도는 더 걸릴지도 모릅니다.

▲ 블랙로즈 동백

▲ 홑 백동백

▲ 상부연 동백　　　　　　　　　▲ 옥도 동백

　　반려 식물로 꾸민 나만의 공간에서 즐기는 식멍타임, 설레지 않으신가
요? 하지만 아무리 예쁘게 꾸며도 식물은 액자가 아니니 처음 완벽히 세
팅했던 그 모양 그대로 있지 않습니다. 시간이 흐름에 따라, 환경의 변화
에 따라 변하게 되죠. 식물 인테리어를 할 때에는 이 식물이 어떻게 공
간을 변화시킬지 미리 그려보고, 실내에서 키우게 되므로 햇빛, 물, 바
람 등의 관리를 어떻게 할 것인지 생각해 본 후에 해야 합니다. 작은 것
부터 도전해 보세요.

07

취미가 돈이 된다!
나도 N잡러

　코로나 시기, '식테크'라는 말이 유행하면서 유명해진 식물이 있습니다. 바로 몬스테라인데요, 그중에서도 희귀한 몬스테라 알보는 잎 한 장에 몇백만 원까지 몸값이 치솟아 뉴스에도 종종 보도되기도 했습니다.

　하지만 그 인기도 잠시, 몇 년 전에는 잎 한 장에 수십만 원이었던 희귀 몬스테라는 요즘 3만 원 정도에도 구할 수 있습니다. 어쩌다 그렇게 되었을까요? 이유는 명확합니다.

시장의 가치는 수요와 공급의 법칙으로 결정됩니다. 수요가 몰릴 때 가격은 오르고, 사려는 사람보다 팔려는 사람이 더 많아지면 자연히 시장의 가치는 떨어집니다.

코로나 시기 집에 있는 사람이 많아지면서 급작스럽게 실내 식물에 대한 수요가 늘어나게 되었고, 유튜브, 블로그, 뉴스까지 이 현상을 다루게 되어 잘 모르던 사람들까지 이 식물을 찾게 되었습니다. 심지어 2022년 금지 병해충 검출로 수입제한 조처가 내려져 희귀성까지 높아지게 되자 부르는 것이 값이 될 만큼 가격이 폭등했습니다. 그러자 너도나도 식테크에 뛰어들게 되었고, 단 몇 년 만에 공급이 수요를 따라잡게 되었습니다. 가격은 떨어질 수밖에 없었죠.

제목은 '취미가 돈이 된다' 인데, 부정적인 글부터 쓴 이유는, 모든 재태크가 그렇듯이 '식테크'도 너무 큰 욕심을 부리면 낭패를 볼 수도 있다는 점을 미리 말씀드리고 싶어서입니다. 이번 장에서는 식테크를 하나의 부수입으로 안전하게 하는 방법에 대해 말씀드리려 합니다.

7-1 직접 판매

가장 쉽게 접근하는 방법입니다. 가지치기하다가 버리기 아까워서 꺾꽂이로 심은 삽수들이 점점 늘어나니, 자연히 이걸 팔아볼까? 하는 생각이 들게 마련입니다. 직접 판매 방식은 중고 거래 사이트를 이용하거나, 스마트 스토어를 활용할 수도 있습니다.

식물 판매를 할 때 반드시 알아두어야 할 사항이 있습니다.

'종자산업법'에 따라 종자업에 등록하지 않은 개인이 종자나 묘목을 거래하는 행위는 불법이라는 점입니다. 적발 시 1년 이하의 징역이나 최대 1,000만 원 이하의 벌금을 내야 할 수 있습니다. 이는 식물의 올바른 번식과 불법 종자 유통으로 발생하는 소비자의 피해를 줄이려는 목적이 있습니다.

종자업으로 등록하려면 까다로운 과정을 거쳐야 하는데, 현실적으로 쉽지 않습니다. 그러니 개인이 판매할 때는 반드시 종자가 아닌 식물의 형태로 거래해야 합니다. 식물의 잎사귀나 가지를 잘라 파는 삽수, 씨앗, 묘목거래는 불법이나, 너무 어린 묘목(삽목묘 포함)이 아닌 성체를 뿌리, 줄기, 잎이 모두 갖춰진 상태로 화분에 심어 판매하는 것은 가능합니다.

어린 묘목이라는 표현이 모호하게 느껴질지도 모르겠습니다. 어디까지 묘목이고 어디부터 성체인지는 일률적인 기준을 정하기가 어렵기 때문입니다. 이 법안에 대한 국립종자원의 의견으로는 일반적으로 식물이

어느 정도 자라서 뿌리가 튼튼하고 잎도 적당히 자라고 꽃도 피울 정도
가 되어 관상용이라 할 정도가 되면 종자산업법 대상인 어린묘가 아니
라고 합니다.

어떤 식물을 팔지 결정할 때는 아래 3가지 기준으로 정합니다.

키우기 쉬운 식물인가?

희귀성이 있는가?

거래가 활발한가?

이 세 가지 기준에 부합하는 몇 가지 식물을 추천해 드릴게요.

추천 1. 몬스테라 알보

이번 장의 도입에서 설명한 식물입니다. 일반 몬스테라 잎에 하얀 무늬
가 있는 것이 특징입니다. 일반 정식 명칭은 '몬스테라 델리시오사 버라이
어티 보르시지아나 알보 바리에가타'로 귀한 몸답게 매우 긴 이름이지만

▲ 몬스테라 알보

흔히 '알보몬', '몬스테라 알보' 혹은
'몬스테라 바리에가타' 등의 이름으
로 많이 불립니다. 몬스테라의 희귀
돌연변이종으로 엽록소가 부족해서
잎에 하얀 무늬가 있습니다. 이 무늬
가 예뻐서 식집사들 사이에서는 얼
굴 천재란 말 대신 무늬천재(줄여서

무천이)라고 부릅니다. 이 특이한 모양의 잎은 그 희소성으로 한 때 그 가격이 백만 원대까지 치솟은 적이 있습니다. 요즘은 그 열기가 식어 가격이 많이 내려갔지만, 중품 이상의 큰 화분은 여전히 부가가치가 높은 식물입니다. 비교적 키우기 쉽고 성장세도 좋아서 유묘를 사서 크게 키워서 팔기에 좋습니다. 돌돌 말려진 새순을 보는 재미는 덤입니다.

몬스테라 알보도 일반 몬스테라처럼 덥고 습한 날씨를 좋아합니다. 보통 20도에서 27도 사이에서 가장 잘 자랍니다. 15도 이하가 되면 자라지 않고 냉해를 입거나 죽을 수도 있으므로, 겨울에는 반드시 실내에서 키워야 합니다. 습도는 40~60% 정도가 적당하며, 너무 건조하면 깍지벌레가 생기기 쉽습니다. 건조하다면 잎에 물을 자주 분무해 주거나, 가습기 옆에서 키우는 것이 좋습니다. 수태봉을 화분에 세워서 공중 습도를 보충해주는 방법도 있습니다. 수태봉은 무섭게 자라는 몬스테라를 지지해주는 역할도 하고, 공중 뿌리를 유도할 수도 있습니다. 흙이 건조한 것에는 덜 예민한 편이며 오히려 과습에 더 취약하니 물을 줄 때는 겉흙이 충분히 말랐을 때 물을 줍니다.

키우다 보면 초록색이 전혀 없이 전체가 하얀 고스트 잎이 나올 때가 있습니다. 초록색이 없다는 것은 엽록소가 전혀 없다는 뜻으로 광합성을 하지 못해 성장할 수 없습니다. 줄기까지 모두 흰색이라면 그다음 나오는 잎들이 모두 고스트 잎이 나오기 때문에 잘라내야 계속 성장시킬 수 있습니다. 흰색 부분은 약해서 강한 햇빛에 화상을 입을 수 있으니 실내의 밝은 빛 정도에서 키우는 것이 안전합니다.

몬스테라 알보가 일반 몬스테라보다 비싼 이유는 희귀성입니다. 초록색 잎에서 무늬를 가진 돌연변이 잎이 나오는 것은 확률상 매우 어려운 일입니다. 씨앗으로 돌연변이종을 대량 생산할 수 없다는 의미이며, 돌연변이종 모체를 잘라 삽목하는 방법으로 개체 수를 늘릴 수밖에 없습니다. 요즘은 식테크 열풍으로 공급이 늘어나 가격이 많이 내려가기는 했지만, 여전히 수요가 많고 대량생산이 어려워 일반 몬스테라보다는 훨씬 비쌉니다.

계속 판매를 하기 위해서는 삽목(물꽂이)가 필수입니다. 잎자루 끝에 마디가 있으며, 그 마디가 몬스테라의 생장점입니다. 잎이 하나 달려있고, 생장점이 있는 마디를 잘라서 물에 꽂아두게 되면 뿌리가 나와 새로운 개체가 됩니다. 물꽂이하는 동안에는 물을 자주 갈아주어 뿌리가 썩지 않도록 합니다. 뿌리가 충분히 자라면 양분이 없는 흙에 뿌리가 다치지 않도록 심어주면 됩니다. 뿌리가 흙에 단단히 활착하는 과정을 '순화'라고 합니다. 새순이 나면 순화가 잘 되었다고 할 수 있습니다. 보통 2주에서 한 달 정도 소요됩니다(환경과 종에 따라 편차가 있습니다).

추천2. 필로덴드론

공기정화식물로 유명한 필로덴드론은 이국적인 잎 모양으로 인기가 많습니다. 이 필로덴드론도 종류가 많은데, 잎의 색과 모양에 따라 가격

▲ 필로덴드론 바리에가타
(카라멜마블)

이 천차만별입니다. 가능한 희귀하고 인기가 많은 종류를 골라 키워보세요. 이름에 바리에가타가 붙으면 대부분 희귀종으로 가격이 높습니다 (Variegata-이탈리아어로 잡색의, 얼룩덜룩한 이라는 뜻입니다).

필로덴드론도 몬스테라와 같은 천남성과로, 좋아하는 환경이 몬스테라와 거의 유사합니다. 자생지가 중앙아메리카, 멕시코 남부 등의 열대지방이고, 이곳의 토양은 주로 배수성이 좋은 잎사귀나 나무껍질이 많이 포함되어 있습니다. 이 특징을 화분 흙에서 구현하려면 바크나 펄라이트를 좀 더 섞어주면 됩니다.

예쁜 무늬 잎을 감상하다 새잎이 나왔는데, 무늬가 없는 초록 잎인 경우도 있습니다. 하얀 잎만 나오는 고스트의 반대 경우입니다. 신엽이 2번 이상 초록색으로만 나온다면, 계속 초록 잎만 나오게 되어 식물 전체가 아름다운 무늬를 잃게 될 수도 있습니다. 희귀종의 가치를 잃어버리게 되는 것이죠.

이 아름다운 무늬는 언급했다시피 유전자 돌연변이입니다. 이런 식물들은 일반 초록 식물보다 엽록소가 부족하니 성장도 느리고 약할 수밖에 없습니다. 자연 상태였다면 도태되었을 테지만 인간이 인위적으로 번식시키고 있죠. 이런 식물들이 환경이 맞지 않아 스트레스를 받거나 외부적으로 손상되었을 때, 생존을 위해 더 강한 원래의 모습으로 돌아가려고 합니다.

물론 초록색의 잎도 그 자체로 아름답지만, 희소가치를 인정받아 제값에 판매하려면 안타깝지만, 초록색 잎은 바로 떼주시는 것이 좋습니다. 물꽂이로 인테리어에 활용하면 좋겠죠. 그리고 질소비료를 쓰고 있는지 확인해 봅니다. 질소는 식물의 성장을 돕고 잎을 튼튼하게 해주지만, 잎의 엽록소 생성을 촉진하여 초록 잎을 잘 만들기 때문입니다.

추천3. 금다육

요즘 트렌드는 특이한 모양의 관엽이지만, 다육식물은 오래전부터 수요가 꾸준히 높은 식물입니다. 다육식물도 종류가 엄청나게 많습니다. 그중에서도 이름 뒤에 '금'자가 들어간 반투명한 금색 잎을 가진 다육이는 고가의 다육식물입니다. 금다육도 바리에가타처럼 유전적인 변화로 반투명한 금색 잎을 가진 특수한 품종입니다. 햇빛을 받으면 핑크빛으로 살짝 물드는데, 보석이 알알이 박힌 듯한 모습 덕에 많은 사랑을 받고 있습니다.

하월시아는 남아프리카 자생종으로, 다육식물답게 건조에 매우 강합니다. 다른 다육식물에 비해 뿌리가

▲ 하월시아마린금

긴 편이라 작은 개체라도 깊이 있는 화분에 심는 것이 좋습니다. 20도에서 27도 사이에서 잘 자라며, 겨울에도 10도 이하로 떨어지지 않게 관리야 합니다. 물을 줄 때는 흙을 살피기보다 잎을 살짝 만져보았을 때 말랑하거나 잎에 살짝 주름이 졌을 때 주는 것이 좋습니다. 햇빛 요구량도 그리 크지는 않지만, 핑크로 물드는 것을 보고 싶다면 햇빛을 좀 쬐어주어야 합니다.

잎 아래쪽에서 자구가 작게 올라오면 번식을 할 수 있습니다. 화분에서 식물을 빼서 자구를 깊게 떼어내면 뿌리까지 함께 분리됩니다. 그대로 심어주면 끝입니다. 별도로 물꽂이 등으로 뿌리를 내리는 것을 기다릴 필요도 없습니다.

✔ 중고거래 사이트 이용하기

당근이나 중고나라 같은 중고거래 사이트에서 판매하는 형태로, 별다른 절차 없이 판매할 수 있어서 쉽게 할 수 있는 방법입니다. 동네에서 오프라인 거래도 활발하게 이뤄져서 포장이나 배송에 드는 시간과 비용을 줄일 수 있습니다. 배송사고도 막을 수 있죠. 다만 발품을 좀 팔아야 합니다.

식물을 중고거래 사이트에서 검색해서 어떤 식물이 많이 나와 있는지, 또 어떤 식물의 조회수가 높은지를 알아보면서 트렌드와 시세를 파악해봅니다. 터무니없는 가격으로 올리면 당연히 팔리지 않겠죠. 판매에는 식물의 종류뿐 아니라 계절도 중요합니다. 봄 식물이라면 늦겨울이나 초봄에, 여름 식물이라면 봄에 올려야 판매도 잘 되고 판매된 식물이 새로운 환경에서 적응을 잘합니다.

수익을 높이고 싶다면, 작은 묘목을 사서 중품 이상으로 키운 뒤에 예쁜 화분에 심어 팔면 훨씬 높은 가격에 판매할 수 있습니다. 식집사의 입장에서는 희귀식물도 키워보고, 부수입을 만들 수도 있으니 일석이조입니다.

판매를 잘하려면 사진이 중요합니다. 평범한 사진으로는 구매자들의 시선을 끌 수 없죠. 깨끗한 배경에서 화분만 단독으로 찍어야 합니다. 잎이나 화분 전체 크기가 잘 드러나도록 비교 물건을 놓거나, 줄자로 길이를 잰 사진을 함께 올려서 구매자가 신뢰할 수 있도록 해야 합니다. 꾸준히 판매 된다면, 스마트스토어를 고려해 봐도 좋습니다.

∨ 스마트 스토어 판매

중고거래 사이트는 개인 간 거래지만 스마트스토어는 사업자가 소비자에게 판매하는 개념으로, 중고 거래보다 절차가 좀 더 복잡하지만, 단골을 만들면 안정적인 판매를 할 수 있습니다. 작물 재배업은 1차 산업으로 분류되어 매출 10억 원 까지 비과세라는 큰 장점도 있습니다.

처음부터 시작한다는 가정하에, 절차는 아래와 같습니다.

사업자등록증
↓
개인사업자 통장개설
↓
현금영수증 가맹점 가입(사업자 등록 후 60일 이내)
↓
스마트스토어 개설

스마트스토어를 시작하려면, 먼저 사업자등록증이 필요합니다. 집에서 키워 온라인으로 판매만 하려고 한다면, 사업자 등록의 업종 · 업태는 '전자상거래(식물)'로도 충분합니다(업태: 도매 및 소매업). 사업자 종류는 일반, 간이, 면세가 있는데, 오프라인 매장이 없다면 면세사업자 등록이 가능합니다. 면세사업자는 흔치 않기 때문에 세무서에서 확인이 올 수도 있는데, 집에서 재배한 식물로 온라인 소매업을 한다고 하면 면세사업자 등록증을 받을 수 있습니다.

사업자 등록증 발급이 완료되면 국세청에서 현금영수증 가맹점 가입 안내를 받습니다. 판매 시 현금영수증 발급이 필요한 경우가 있으므로 가입해야 합니다.

국세청 홈택스에서 '현금영수증(가맹점) → 발급 → 현금영수증 발급 사업자 신청 및 정보 수정'에서 사업자 등록번호와 연락처 정보만 넣으면 쉽게 가입 가능합니다. 발급은 홈택스나 ARS로 발급할 수 있습니다.

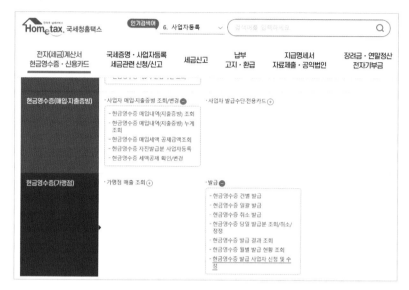

▲ 현금 영수증 가맹

스마트스토어 개설은 사업자등록증과 대표(사업자) 명의 통장 사본만 있으면 '스마트스토어센터'에서 쉽게 할 수 있습니다. 개설 시 필요 정보 기입란에 통신판매업 신고 번호가 있는데, 미신고로 등록해도 개설에 문제가 되지 않습니다.

▲ 통신판매업 신고

통신판매업이란 오프라인 매장 없이 인터넷에 제품을 전시하고 주문을 받아 상품을 판매하는 업태로, 온라인상에서 물건을 판매하려면 신고가 필요합니다. 하지만 연간 매출액 8천만 원 이하이거나 합산 판매 건수가 직전년도 기준 50건 미만인 경우 신고가 면제되기 때문에 처음 시작할 때부터 필요한 것은 아닙니다. 미신고로 개설 후 필요시 신고해도 됩니다.

1~3일 정도 걸려 개설이 되면, 상품을 등록해서 구매자가 내 스토어에서 상품을 볼 수 있도록 사진과 상세 정보를 기재 합니다. 굳이 사진을 클릭해서 상세 페이지로 넘어오지 않는 이상 대표 이미지만 보이므로, 대표 이미지를 가장 신경 써서 설정해야 합니다.

스마트스토어의 상품관리에서 등록할 수 있고, 사진, 옵션 등 필요정보를 하나씩 채워나가면 됩니다. 이때, 스마트스토어가 요구하는 입력 칸을 최대한 성실하게 채워야 네이버에서 내 물건을 좀 더 상단에 노출해줍니다. 구매자가 검색한 키워드에 걸릴 확률도 높아지겠죠. 내 스토어가 검색이 잘되지 않는다면, 네이버에서 제공하는 서치 어드바이저를 참고해도 됩니다.

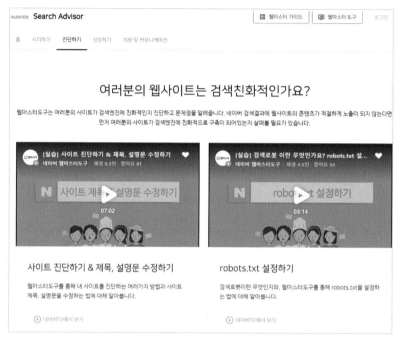

▲ 서치 어드바이저

7-2 SNS로 부수입 창출

집에서 식물을 직접 키워서 판매하는 방법은 공간과 환경의 제약이 있어 수익도 한계가 있는 것이 사실입니다. 부수입 창출에서 절대 뺄 수 없는 강력한 무기인 SNS를 적극 활용해 보세요. 식테크의 홍보 수단으로 이용할 수 있고, SNS 자체로도 수입이 되기도 합니다.

스마트스토어 홍보

인스타그램, 블로그, 유튜브를 활용하여 식물 키우는 과정을 보여주면서 자연스럽게 내 스마트스토어와 상품을 노출할 수 있습니다. 단순히 상품 홍보용으로 만들기보다 소통하는 창구라고 생각하면, 방문하는 사람들이 지금 당장 구매와 연결되지 않더라도 잠재적인 고객이 될 수도 있고, 구매하는 고객의 신뢰도도 높일 수 있습니다.

SNS 수익화

꾸준히 SNS 활동을 하다 보면 느리더라도 착실히 구독자 수(혹은 팔로워)가 늘어나게 되고, 그 숫자는 곧 나의 힘이 됩니다. 조회수 자체로도 부수입이 될 수도 있지만, 의미 있는 부수입을 만들려면 체험단이나, 관련 상품 협찬 등이 필요합니다. 체험단이나 협찬을 받으려면 상위 노출을 잘해야 하는데요, 한 가지 주제에 맞는 글을 꾸준히 계속 쓰면 알고리즘의 축복을 받을 확률이 높아집니다. 식집사의 SNS이니, 내 식물에 대한 애정을 마음껏, 그리고 꾸준히 SNS에 표현해 보세요. 취미로 부수입까지 얻을 수 있다니, 너무 달콤하지 않나요? SNS로 식집사끼리 소통하며 얻는 즐거움은 덤입니다.

01. 베란다 텃밭 식물 활용법

토마토 바질(루콜라) 피자

준비물 : 또띠아(냉동피자도우), 방울토마토, 바질, 집에 있는 토핑(야채, 새우, 불고기 등), 토마토소스, 피자치즈

① 도우에 토마토소스를 바르고 피자치즈와 토핑을 듬뿍 올린다.

② 반 자른 방울토마토를 단면이 위로 가도록 올리고, 새우나 불고기는 살짝 익힌 상태에서 올려준다.

③ 180도 예열한 오븐에서 10분 굽고, 도우와 피자치즈의 색깔을 봐서 한 번 더 구워준다.

④ 다 구워진 피자 위에 생 바질을 올려 마무리한다.

바질 페스토

준비물 : 바질(200g 기준), 파르미지아노 레지아노치즈(or 가루 파마산치즈) 200g, 엑스트라버진 올리브유 400g, 마늘 5알(혹은 다진 마늘 큰 한 스푼), 견과류(캐슈넛, 잣) 80~100g, 소금 1 ts

① 바질은 깨끗이 씻어 탈수한 뒤 넓게 펼쳐 말려서 준비한다.

② 믹서기에 견과류, 치즈, 마늘을 갈아준다(견과류는 한번 볶거나 구워서 넣으면 풍미가 더 살아난다).

③ 곱게 갈린 견과류 위에 바질잎을 담고 올리브유와 소금을 추가해서 짧게 갈아준다 (오래 갈면 믹서기 열에 의해 바질 페스토 색깔이 검게 변하므로 주의!).

④ 소분하여 먹을 것만 냉장보관 하고 나머지는 냉동 보관하면 1년까지 먹을 수 있다.

* 샌드위치, 파스타 등에 두루 활용해 보세요.

레몬껍질까지 활용한 레몬얼음

준비물: 레몬, 식초

① 끓는 물 500ml에 식초 2 TS 넣고 레몬을 굴려 표면 왁스를 제거한다.

② 썰면서 씨를 제거하고 과육을 껍질째 믹서기에 넣어 곱게 갈아준다(잘 갈리지 않을 때는 물을 조금 넣어준다).

③ 얼음 트레이에 넣고 얼린 뒤 지퍼백에 보관한다.

* 사용법
- 물이나 탄산수에 넣어 레몬수로 음용
- 레몬즙 들어가는 요리에 활용(샐러드드레싱)
- 껍질만 따로 버터+딜에 넣어 레몬딜 버터로 활용(연어구이, 연어 솥밥에 사용)

뱅쇼

준비물 : 레몬, 집에 있는 과일, 레드와인 1병(750ml), 시나몬 스틱 3개, 생강 한 톨(30g), 설탕 70g~100g(알룰로스 대체 가능), 그 외 향신료(팔각, 정향, 월계수 잎 등 좋아하는 향신료)

① 레몬, 귤 등의 시트러스 과일은 끓는 물에 살짝 굴려 왁스를 제거한다.

② 과일, 생강 편 썰기

③ 냄비에 모든 재료를 넣고 중강불로 끓이기 시작해서 끓어오르면 약불로 30분 이상 뭉근하게 끓여주기

④ 불을 끄고 20분간 뜸 들이기

⑤ 체에 건더기 걸러서 유리병에 보관(소비기한 1주일 권장)

* 뱅쇼는 뱅(와인)쇼(따뜻한) 라는 이름대로, 따듯하게 마시는 와인이라는 뜻으로, 유럽에서는 감기약 대용으로도 많이 마시는 겨울 음료입니다. 연말 모임 때 직접 키운 레몬으로 만든 뱅쇼는 아주 특별한 이벤트가 될 거예요. 충분히 끓이지 않으면 알코올이 조금 남아있기도 하니까 30분 이상 충분히 끓여주세요. 먹기 전 따뜻하게 데워 꿀을 조금 섞고 시나몬 스틱을 꽂아서 손님들에게 드리면 아주 고급스러워 보인답니다. 겨울에 으슬으슬 감기가 오려고 할 때 한 잔 따뜻하게 데워먹고 푹 자면 감기도 말끔하게 나을 수 있는 아주 매력적인 음료입니다.

02. 마음이 편안해지는 식멍타임 즐기는 법

쉬는 날 아침에 일어나보니 햇살은 유난히 좋은데 나가기는 좀 귀찮고 집에서 조용히 쉬고 싶을 때, 그렇다고 집에서만 있자니 뭔가 아쉬울 때, 그럴 때 식멍타임을 강력히 추천합니다.

식멍타임이 생소하실 분들을 위해 '식멍의식'의 순서를 예시로 나열하겠습니다. 하다 보면 나만의 의식 순서가 생길 거예요.

✓ 식물을 모두 창가로 옮긴 뒤 창문을 모두 활짝 열고 바람을 느껴보세요.

✓ 햇살을 느끼면서 드립커피를 내리듯이 천천히 화분에 물을 줍니다. 체력과 마음의 여유가 허락한다면, 잎 샤워나 분갈이까지 하면 더 좋습니다. 피곤하지 않을 만큼만 하세요.

✓ 잎이 넓은 관엽이라면 부드러운 천으로 잎을 닦아주고, 뾰족한 침엽이라면 손으로 부드럽게 아래에서 위로 쓸어올려 줍니다.

✓ 시든 잎을 정리하고, 화분을 돌려가면서 수형을 보고 순 따기(가지치기)를 해 줍니다.

✓ 주변을 정리하여 깨끗하게 한 뒤, 바람에 실려 오는 식물의 싱그러운 향기를 깊게 마십니다. 코를 식물 가까이 가져가서 직접 맡아도 좋습니다.

✓ 햇살에 반짝이는 잎을 감상합니다. 바람이 불면 잎이 흔들리는 모습을 바라보세요. 소리가 나기도 합니다. 가만히 귀 기울여보세요. 그러다

보면 어느새 번잡한 마음이 비워지고 깊은 곳에서 충만함과 에너지가 차오르는 것을 느낄 수 있습니다.

식물을 공들여 돌보다 보면, 그 시간이 어느새 '나'를 돌보는 시간으로 바뀌는 경험을 하게 됩니다. 진정한 식집사로 거듭나는 마지막 과정입니다. 식물에 들이는 시간이 절대 아깝지 않게 되죠.

어릴 적, 식물 잎을 닦는 엄마를 보면서 '시간이 남으면 쉬지, 왜 저걸 닦고 있나' 하며 참 이상하다고 생각했습니다. 하지만 이제는 압니다. 그 시간이 꼭 필요한 시간이었다는 것을요. 식물에게도, 엄마에게도.

03. 식태기 극복하는 법

사랑하는 사이에도 늘 좋을 수만은 없듯이, 식집사에게도 권태기가 옵니다. 식태기라고 부르죠.

며칠 끙끙 앓다가 겨우 기운을 차려 베란다로 나가보면, 애지중지 키웠던 식물들은 간다는 말도 없이 초록별로 떠나 있을 때가 있습니다. 베란다의 상태를 보면 집사의 건강 상태를 알 수 있죠. '아, 내가 아프긴 아팠나 보구나' 다시 한번 깨닫습니다. 하지만 허탈한 마음은 감출 수가 없죠. 한번 놓아버린 마음은 다시 추스르기가 어렵습니다.

한여름이나 한겨울에는 베란다에 나가기가 두렵습니다. 자연히 베란다에 발걸음이 뜸해지게 되죠. 그럴 때 식태기가 옵니다.

이 식태기는 어떻게 극복할까요?

가장 확실한 방법은, 마음에 드는 예쁜 식물을 들여오는 것입니다. 새 친구에게 관심을 주다 보면, 옆에 있는 다른 친구들에게도 관심이 가게 마련입니다. 식태기때 식물이 죽었다고 너무 실망하지 마세요, 식물은 죽어서 빈 화분을 남긴다는 말이 있습니다. 새 식구를 들일 수 있다는 생각으로 헛헛한 마음을 바꿔 먹어보세요.

두 번째 방법은, 식물이 있는 곳을 깨끗이 청소하는 것입니다. 보통 식태기가 오면 관리가 잘되지 않아서 하엽이 많이 생기고 바닥이 더러워집니다. 그러면 더 그곳에 가고 싶지 않아지죠. 이럴 때 청소가 좋은 해결책입니다. 떨어진 하엽을 치우고 정리하다 보면 다시 식물이 예쁘게 보일 거예요. 청소할 힘조차 없다면, 화분의 위치를 바꾸어 보는 것도 방법입니다.

가구 재배치보다 훨씬 더 간편한 방법이지만, 비슷한 효과를 내서 기분 전환이 됩니다. 식물을 다른 각도에서 보게 되면, 또 한 번 사랑에 빠질지도 모릅니다.

반려 식물과 오래 함께하는 비결

식물은 식집사의 발걸음 소리를 듣고 자란다는 말을 들은 적이 있는데, 식물을 키울수록 그 말에 깊이 공감합니다. 동물처럼 배고프다, 아프다는 표현을 소리나 행동으로 하는 것도 아니고 그 자리에 가만히 있는 것 같지만, 나름대로 표현은 열심히 하고 있답니다. 그것을 알아차리는 것은 자주 관심 가져주는 식집사 뿐이겠죠.

그런데 참 아이러니하게도, 어떤 때는 너무 많은 관심이 식물을 죽이기도 합니다. 잘 키우고 싶은 마음만 앞서서, 사랑을 주면 줄수록 식물은 시름시름 앓다가 죽을 수도 있다는 뜻입니다. 관심을 가지라는 것인지, 말라는 것인지….

식물을 키우다 보면 식물과의 상호작용도 사람과의 관계와 비슷하다는 생각을 많이 합니다. 나는 사랑이라고 표현하는 것들이 상대방에게는 결코 사랑이 아닐 수 있듯이, 식물도 마찬가지거든요. 애정을 담아 지켜보면서 지금 내 반려가 필요로 하는 것이 무엇인지, 상대방의 입장에서 생각해 보세요. 식물도 살아온 환경이 다르고 좋아하는 것이

다른데, 똑같은 기준으로 다룰 수 없습니다. 천천히 내 식물을 알아보는 시간을 가지세요. 그 시간이 충분히 쌓이면 식물이 무언의 신호를 보냈을 때, 그 어떤 전문가보다 잘 알아차릴 수 있답니다.

그리고 식물의 생명력은, 우리의 생각보다도 훨씬 더 강하니, 쉽게 포기하지 말고 한번 기다려 보세요. 죽었다고 포기한 화분에서 어느 순간 새순이 나는 것을 여러 번 본 적이 있습니다. 죽은 것이 아니라 새순을 내기위해 준비를 하고 있었던 것이었죠.

이 책을 찾아주신 여러분들이라면, 식물에 관해 관심을 가지고 시간을 들이는 분일거라 생각합니다. 반려 식물과 오래오래 행복할 수 있는 비결을 이미 가지고 계신 거죠.

읽어주셔서 감사합니다.

반려와 함께 행복하세요.

2025년 3월 15일 초판 인쇄
2025년 3월 25일 초판 발행

펴 낸 이 | 김정철
펴 낸 곳 | 아티오
지 은 이 | 권윤경
마 케 팅 | 강원경
기획·진행 | 김미영
디 자 인 | 김지영
전　　화 | 031-983-4092
팩　　스 | 031-69-5780
등　　록 | 2013년 2월 22일
정　　가 | 17,800원
홈 페 이 지 | http://www.atio.co.kr

* 아티오는 Art Studio의 줄임말로 혼을 깃들인 예술적인 감각으로 도서를 만들어 독자에게 최상의 지식을 전달해 드리고자 하는 마음을 담고 있습니다.

* 잘못된 책은 구입처에서 교환하여 드립니다.